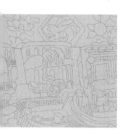

艺术与人文丛书

茅茨土阶

鄂东民居的微观世界

甄新生 著

上海文艺出版社

资助基金

• 教育部人文社会科学规划基金项目《“茅茨土阶”——鄂东大别山地区传统生土建筑文化与工艺传承研究》（项目批准号：19YJA760093）

• 同时得到黄冈师范学院美术学院的鄂东人文艺术与非物质文化遗产研究团队，黄冈师范学院校级一流课程《景观设计》，武汉大学2020年度访问学者项目的资助与支持，特此感谢。

"艺术与人文丛书"编委会名单

编委会主任
王立兵　陈向军

主　编
胡绍宗　廖明君

编委会成员
（按姓氏笔画排列）

马志斌　王立兵

王　锋　方圣德

刘晨晨　许晓明

李修建　汪小洋

张士闪　陈向军

陈孟昕　胡绍宗

钟劲松　袁朝晖

黄厚明　彭　锦

程　征　廖明君

总　序

在中国地形图上，大别山就像一只从西北向东南爬行的巨大蝎子，它的尾巴经桐柏山断断续续与秦岭山脉相连，横亘在长江中下游平原与华北平原之间，成为淮河流域与长江流域的分水岭，也成为中国北方与南方之间重要的地理分界线。

大别山地势较高，南北两侧水系较为发达，分别注入长江和淮河，其西南山麓包含着整个鄂东地区。由大别山主脉发源向西、向南以及向东注入长江的主要河流有倒水、举水、巴河、蕲河、浠水等五大水系，每一个水系都接纳了很多支流。这里是鄂东农耕先民们世代繁衍生息的地方，自古就是一个重要的文化地理单元。它背列重山，襟带大江，据云梦洞庭之阔，扼长江东去之喉，具有承东启西、纵贯南北、通江达海的区位地理优势。在历史上，鄂东大别山的东、西部就是北方文化南迁的重要通道。鄂豫交界的南阳盆地是接纳隋唐以前关中及中原族群南来长江及以南地区的重要通道。从这里出发，经过襄阳，一条路线是顺着鄂中大洪山西边，沿汉水下游，过荆州，入洞庭；另一条路线是走大洪山以东，穿过"随枣走廊"，进入今天的鄂东大别山丘陵地带。

自古以来，鄂东就是中国政治文化的重要地区之一。南北通达的"光黄古道"与东西纵横的长江漕运在这里划上了一个呈东西南北通达结构的交汇点。元末明初之后，来自江西的移民从这里开始了长达几百年"江西填湖广""湖广填四川"的移民潮，随后朱明王朝不懈的军垦运动，进一步奠定了鄂东山地、河湖、洲畈地区早期人口分布的格局。明中后期开始至清康熙朝，鄂东蕲、黄两府的经济和人口一起快速增长。

　　复杂的人文地理历史背景书写了深厚的鄂东民间文化。这里孕育了一大批在中国历史文化各个领域有影响力的大家。如中国佛教禅宗四祖道信、五祖弘忍、六祖慧能，活字印刷术发明人毕昇，医圣李时珍，现代地质科学家李四光，文化学者与民主战士闻一多，国学大师黄侃，哲学家熊十力等。苏东坡谪居黄州四年，他寻诗访友的足迹又为这里的人文历史图景叠加了一层清晰的文化经纬。

　　呈现在读者面前的这套"艺术与人文丛书"，大部分的选题来自鄂东地区，分别涉及传统村落、民居建筑、民间手工艺、民俗信仰、生产生活等领域。这些选题既可包括在现行高校学科体系下的美术、设计等艺术专业的实践范畴之中，也可纳入人类学、社会学思考的理论视域之下。丛书中的大多数学者都出身美术的实践性术科，在课堂教学和学术田野之间往来行走，因此这些选题是他们教学的延伸，自然取经"由技而道"的学术之路。

虽然这些研究还有些青涩，但却饱含着一个个热心人对于田野的激情和对于学术的执着，保持着一种与乡村社会接触过程中鲜活的感受。

亲近田野就是一种学术优越。以宏阔的视野和高深的理论观照学术固然有高度，但与田野同在也有其亲近感。近些年来，黄冈师范学院美术学院积极回应区域社会对于高校的呼唤，投身于鄂东黄冈的地域经济与文化建设中，把学术的田野划在鄂东大地上，把研究者的身影摆进地方建设的队列中。这里的年轻学者，一直行走在鄂东的乡村田野中。在学校高层次人才引进工程中，他们受惠于热心学者的帮助，陆续找到了各自研究的方向，也积累了一些成果。截至2019年，黄冈师范学院美术学院教师团队已经成功获批国家社科基金、国家艺术基金、教育部人文社科、省社科研究项目20多项。目前这些项目都在陆续结题，成果也在陆续整理中。为了赓续鄂东悠久而深厚的地域文脉，发挥优秀传统文化的引领作用，学院决定甄选一批优秀研究成果，出版"艺术与人文丛书"，推动黄冈师范学院艺术与人文学科的建设，助力地方社会建设，实现高校的时代担当。

大别山从西向东奔来，在黄梅这个地方收住了脚步，驻足在长江边上，与对岸的锦绣庐山隔江相望。而江北的黄梅东山并不羡慕庐山的无限风光，却在自己的小山里涵养了禅宗四祖、五祖，并从这里送走了一代宗师六祖慧能，东山因此有灵。地方高校的优势在于地方特色的彰显，在于担负起地方社会文化经济的任务。身处鄂东的年轻学者自觉走进乡村魅力田野，参照艺术人类学和中国乡村的研究范式，坚持以人文为视角，强调以艺术为对象，扎根鄂东社会，注重田野调查，努力从学理上探讨鄂东艺术与人文的相关问题，也为艺术人类学和中国乡村研究提供鲜活的学术个案和理论探究，逐渐走出了更大的空间。"艺术与人文丛书"的出版只是一个起步，相信未来会有更多更好的成果涌现。

丛书主编 胡绍宗

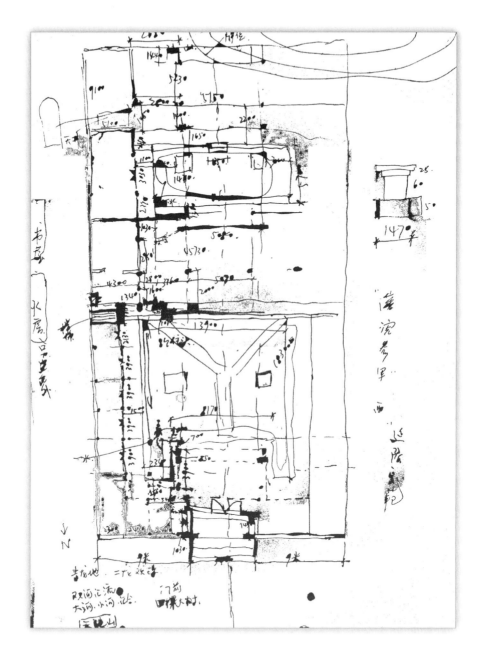

红安县陡山吴氏祠测量手绘稿

目　录

CONTENTS

- 序言 -
陌生小镇的早餐

　　我真正关注鄂东地区民居建筑，是在2007年夏秋之季，那次进行田野调查，很早就从黄州出发了，未到8点钟就到了罗田县的一个陌生小镇，吃了豇豆饼、油条和稀饭。美味的罗田特色早餐，预示着美好的开始。餐后，我们研究小组进行了分工，分成了访谈组、测量组和协调组，每组分工明确，各有所长。当时，我还在研究大别山东麓的皖西水圩民居，在前项任务没完成的情况下，没有更多的时间和精力来研究鄂东地区民居。不过美术学院已经有部分的老师准备研究鄂东地区民居，只是苦于没有研究经费，又不会申请科研项目，很难全面开展，前期对鄂东地区建筑进行走访，得出的成果不成系统和规模。真正的改变得益于胡绍宗老师从西安美院博士毕业后，看到了我们这样一帮人愿意做理论研究，带领和督促我们不断探索，我与高英强、方圣德、宋国彬、张文智和卢雪松等同事，组织成一个小团队。这个团队的人员构成还算合理，博士2人，搞美术理论的1人，环境设计专业的3人，再加上兄弟院校和设计院的研究人员的不断加入，团队的实力也不算弱。

　　鄂东地区民居建筑是传统文化的重要载体，加上之前我研究皖西水圩民居也有一些经验，研究鄂东地区民居建筑可以少走弯路。从研究的过程看，前期动静很小，从2007年秋到2019年，我个人的鄂东地区民居建筑相关论文成果只有3篇，科研的项目也少。从2016年2月开始，我的研究重点集中转向麻城市古村落的修缮设计，先后修缮了东垸村、小漆园和东冲村等12个传统村落古建筑，还做了一些村落的规划设计。总结对这些村落所做的工作，我们此阶段的定位是对村子进行试探性的设计和施工，而不是进行全面设计，其间受到资金不足和设计本身问题等多种因素的限制。我们对每一个实践项目，从设计到施工都不断对方案进行调整，在修缮村子时，坚持跑20次以上，本着对设计方案负责的态度做事，不搞大拆大建，不迎合领导的趣味，依靠建筑与环境的本真去探寻鄂东村落设计出路。

我们在设计中的每个村子都有自己的落脚点，淳朴的村民们很短的时间里就接纳了我们设计团队，认可我们务实的做事态度，还有对乡村的情怀。开展歧亭镇杏花村丁家田传统村落项目时，落脚所在地的户主至今不知叫何名，他是位60多岁的大爷，为人和善，每次都笑脸相迎，给我们打水泡茶，拿凳子，忙得不亦乐乎，他的口头禅就是"你们都是为了我们好"。小漆园村的何主任家为我们提供饭菜和落脚地，山上冬天很冷，气温要比黄州城低10摄氏度，他家的偏房成为我们的归宿，每次在这里聊天、吃饭、讨论方案，一膛炉火烤近了我们与乡民之间的感情。火塘之中泛着红光，壶里的水开了，大家传来传去冲茶喝。我有时在思索，是什么原因令他们如此信任我们。后来在做大屋垸传统村落设计方案时，我当时不太同意胡院长修改设计方案的想法，每个做图的人都不喜欢别人提出修改方案，改图工作量大，还动摇设计本意。2018年春天的一天，碰见村子里一位老人说："在以前这里有下水道，但现在堵塞了，所以每到夏天水就漫延到巷道里，出行特别不方便。"我们了解这一情况时，所有图纸已经全部完工，但胡院长坚持要改，返工全部规划图纸。我就不乐意，当时胡院长还说我"怎么能这样没有乡村情怀，要为他们解决实际问题"。后来反思，确实，从事乡村设计，起码要有乡村的情怀，为老百姓做实事才是设计的重要出发点。由于我们的设计对象多数是山地的村落，在木子店镇深沟村的传统村落设计项目中，后山滑动的石头，是设计时要关注的重点，经过调查得知，先前他们村子里盖房子，直接炸山取石，被炸松的山石，经过雨水冲刷，好几块大石头从后山滚落，砸坏了一棵直径有1米多的松树，存在隐患的另几块大石头有房间那么大，如遇持续的强降雨冲刷，随时有巨石滚落、整个村子被冲垮的危险。所以理水与地质问题在村落修缮中往往居于重要的地位，但在设计之时，很少有人去充分考虑。古人在设计村落时是将其看作有机整体，全面设计，也没有现在那么多条款规定，所以修建的房屋虽然千姿百态，但又统一协调，与环境相适，和生活相调。其中所隐藏的重要的统一的设计理念，绵延不绝几千年。从我国建筑产生伊始到现在，都具有超强的生命力和支配能力，大江南北，甚至在朝鲜半岛、中南半岛和日本等地，它的发展主线始终明确。

时下我国的村落正在衰落，偏远地区"废墟化"严重。从生存现象看，能直观地看到很多村子衰败，特别是处于山区的村庄。由于交通不便，学生少，村中的学校被撤并搬迁，村落未来的主人没有乡村生活经验，加剧农村荒芜化。调研中，很多村民反映村部没有小学的问题。曾经，农村是我们文化的源泉之地，现在则文化严重缺失，只剩下老宅和老人。环境依然是那个环境，植被比以前还繁茂，但是乡村文化真的很难全面复苏。我们设计的一个村子，村委会不在自己的"领土"上，靠租地办公，村民都从山里搬出，老宅倒塌毁坏，只有少许人，平常小孩也不在上面（说明未来的主人对乡村的情感在慢慢淡化），基本处于休眠状况。我们设计的小漆园传统村落，包括周边的陶家边、东冲（曾经的乡政府所在地）、山牌头、刘家山和成家山等传统村落建筑群，都是这样慢慢地废墟化。"虽然因为战火和其他自然原因，它们的木质结构已经消失不见，但建筑的基址仍以'丘'的形式保存了下来。"[1]这种废墟化在物象还是表象，根本还是乡村社会的废墟化。在调研的三年多的时间里，直到2018年7月我才真正深入接触到成家山的一个金姓的年轻人，他30多岁，是村子第一位走出去的大学生，这次回来有两个目的，一是为当地的特产油茶寻找代理加工，他已经注册了自己的品牌，成家山的海拔600多米，油茶是小籽品种油茶，油质独特，整个自然村种植有4万多亩，平均价格比周边地区要高一倍，也是当地百姓的主要收入。因此他想考察厂房，把这么好品质的油茶推销出去。二是请我参观他家老宅，这是一幢有40年历史的生土建筑，虽不属于文物保护范畴的古建筑，但还是老建筑的布局和风貌，有民宿改造的特质，现在是他伯父在当养鸡场用。这位年轻人想回报家乡，但面临很大挑战，凭借一己之力，很难让家乡振兴起来。摸清了家乡的资源，但不知怎么推荐出去。现在乡村中的老人还是坚守传统，年轻人感觉家乡没有什么希望，搬走或出去打工。经过这几年的接触，我也慢慢认识到农村所具有的优势，目前还处在停滞不前的阶段，大发展的迹象远未到来。

工作之余，乡村带给我们最大的快乐莫过于美食，小漆园的小火炉菜、麻城的肉糕、罗田的吊锅和前面提及的豇豆饼一样，成为我对乡村最美好的记忆。

---

① （美）巫鸿:《废墟的故事》，上海人民出版社，2017，第19页。

- 前言 -
鄂东建筑的高地

　　我们团队进行传统村落的设计实践项目，是建立在对鄂东民居建筑充分的理论研究之上的，期间经历10年的蛰伏期。直到对鄂东民居建筑有比较充分的理论认识基础，有了情感，才开始做施工设计。虽说大家都毕业于建筑相关的专业院校，但毕竟没经过专门的传统民居建筑学科训练，所学建筑知识是西方构架的建筑知识体系，对于没有系统的学科体系的本土建筑，仅停留在建筑实践与赏析的摸索层面。大学教育在短短的四五年时间内，也不足以培养出这样的专门人才。传统建筑的门类多，地域差异大，不容易走现代"专业化"道路，各地又要兼顾自身的特色，如此，从通才走向专才，没有专门的技术指导，后续人才无法培养。比如苏州的园林设计，在全国都很出名，有自己的特色，其特质就是自身地域文化内涵的反映，但也不可能在全国进行推广，否则千篇一律的设计也不叫特色。在古代就比较容易规避这样的问题，社会的运作方式决定了不会出现同质化现象，人员流动面小，逐渐形成文化小圈，地域文化汇集，慢慢形成建筑文化特色。

　　政府主导的建筑工程虽有各类资质，营建时也有问题，这类传统民居建筑，多半是老师傅在从事修缮工作，甚至连换瓦都是六七十岁的老人在操作，足见人才断层之严重。可是这些掌握了传统工艺的老人却没有施工资质，就算有，也都是超龄工作，不合规甚至不合法。他们最懂施工，却享受不到工程师或高级技师的待遇，没有对等的收入、地位，连施工权都没有。因此，如何改革并理顺各种关系，培养传统建筑人才是当下的重点工作。具体包括消弭阻隔文化传承的公私利益之间的矛盾，创新人才培养模式，政府合理引导等问题的解决。

作为地方院校艺术类专业教师，在自身研究能力有限的情况下，从事这样的工程设计，开始很吃力，好在我们都有满腔热情，加上设计院一帮同学的支持，特别是安徽城乡规划设计研究院的龙兆云同学，提供技术指导，我们的设计能力突飞猛进。开始的阶段纯粹是出于爱好、作为所学专业的一种延伸和满足高校对老师科研任务的要求，到后来已是充满乡土情怀的自觉行动，我们的认识也获得了很大的提升。同时，我们带领学生参与到实践中来，他们也学到了课堂上无法获得的知识点。

当地传统建筑的营造，在房屋的朝向、与星宿的关系、五行的生克，包括门的宽窄，窗的大小，屋脊的高度与配置，檐口、墙的砌法，室内桌椅的摆放陈设等等方面，都有"讲究"与"说法"。这是乡村的秩序，是一种民俗文化，直到现在还得到尊崇与延续，民间信仰得以维持。比如房屋盖好之后，通常还要贴上优美的瓷砖，显得富丽堂皇，满足了户主想要体现社会地位的需求。堂屋摆放有祖宗牌位、土地神像、"天地君亲师"牌位，"四虎镇宅"的甲马，是当地民间信仰的自然展示。中堂挂山水画、祝寿牌匾，还有领袖画像等，是变革时期下，现代和传统的交织。正如瑞典探险家斯文·赫定对塔克拉玛干考察的坚定信心，是源自当地人对沙漠可怕的描述，他反而完全被讲述人魅惑了[①]，我也是被鄂东

---

① （瑞典）斯文·赫定：《新疆沙漠游记》，郑超麟译，上海人民出版社，2016，第1页和第76页。

民居建筑迷人的魔力所吸引，越来越坚定对鄂东建筑研究的决心，再加上好奇之心，不断驱使我去研究她。

本书内容分上下两篇，上篇主要宏观介绍鄂东民居建筑，包括其基本的发展状况和流变关系，由渊源开始，最终都归结到当下。目前，从我们国家的建筑整体上看，东部的乡村建筑基本都已西洋化了，比如浙江、江苏和广东等地的民间建筑，多为小洋楼的造型，比如开平碉楼，清末在乡村就已经普遍，而西部农村的建筑还在沿用传统的方式营造，从云南、四川西部到甘肃、青海一线以西，原工艺保持比较好。湖北是中部地区，在最近15年来，乡土建筑也逐渐西洋化，只是在偏远山区，还保留下传统的村落。总之在平原地区，传统的建筑文化基本断根，而传统文化的内核还在。所以上篇主要梳理鄂东民居建筑发展史，研究出处，联系当下，以建筑的逐渐西洋化收官。下篇进入到鄂东建筑的微观世界，结合客观存在与形而上的思维，研究鄂东民居建筑的内核，节点包括建筑的空间、造型、材料、颜色等，最后综合各类案例研究。总的来看，鄂东民居都是平常人必需的"简陋"建筑，类似"汉代学者讲，尧舜时候的建筑，茅茨土阶，是非常简朴的，就是草棚子而已"。[1]普遍的建筑形态，没有逃脱生土建筑的大框架，即便鄂东的黄孝帮富裕地区，城市地区和宗教场所这类例属精美的建筑所，往往还带有生土建筑的特性。鄂东民居建筑的本质功能，满足居住需要。用材简单，朴素大方，建造讲究，有文化内涵，是平民生活的重要智慧结晶，我们称之为大别山经典生土建筑。与以往聚焦于"当地代表建筑"的研究不同，这种最具有普遍性的茅茨土阶类生土建筑是我们研究的重点。

---

[1] （台湾）汉宝德：《中国建筑文化讲座》，生活·读书·新知三联书店，2006，第136页。

研究基本采用了艺术人类学的方法，主要关注鄂东建筑的文化价值，建筑的技术和营建手段不是考虑的重点，力争把人物、故事都融入到建筑里，讲好建筑与环境的关系，理解故事和人产生与活动的场域。由于我才疏学浅，鄂东民居建筑文化又是底蕴深厚，知识点多，肯定有研究不透的地方和值得商榷的观点，希望能和读者进行交流，得到批评指正，也期望更多的饱学之士关注鄂东地区民居建筑，为乡村建设出力，共同进步。最后，分享我的一点感触，任何一项研究都需要长期跟踪，只有经过长期的观察，加以大胆想象和小心论证，并对研究对象存有敬畏之心，方可取得一定的研究成果，所以，我的研究一直在路上。

上篇

追忆

从地域角度看，鄂东民居建筑隶属于湖北民居建筑这样一个大的系统，也是构成大别山整体建筑风格的一部分，其山区、平原和各县市之间又都有自身的建筑文化小圈。①受地理、气候、风俗和生活习惯等因素的影响，一个大文化圈中，不同地域的建筑又会呈现出千差万别的特点。根据《淮南鸿烈集解》"形性不可易，势居不可移也"的说法，建筑在地域内一旦形成，很难改变，并形成特定文化圈。这种差异性构成了我们研究的缘起。

　　对鄂东民居建筑的研究，首先要弄清其由来。因此，梳理鄂东建筑在各个时期的代表性建筑和遗迹，在流变中寻找建筑发展的内在基本规律，是我们研究的重要议题。各地建筑用材和修建的方式不同，造成了建筑特点的迥异。《礼记》："昔者先王，未有宫室，冬则居营窟，夏则居橧巢。"郑玄注曰："寒则累土，暑则

---

① 湖北民居建筑是依照湖北省内的建筑样式而划分，重在强调行政划分。从建筑的形式上看，可以分成鄂东南地区的传统建筑、江汉平原地区建筑和鄂西北建筑三种类型，依据各地的不同，还可分为更多类型，比如鄂西的土家族吊脚楼建筑和山寨堡建筑，武汉商业传统建筑与周边的平原民居建筑。大别山地区的建筑是围绕大别山体来进行划分，没有行政划分的概念，所以涵盖了鄂豫皖三省的建筑类型，这样的建筑也有差异，但是可能比行政划分要科学，不过，目前还没有跨越行政概念的建筑类型存在。

聚薪柴居其上。"①由此可看出南方地区的建筑最初风貌，来自生土建筑。在历史的长河里，没有成体系保留下鄂东村落建筑，造成研究的困难重重，我们在研究鄂东民居的时候，常常因视角的不同，造成研究的目标的差异。所以，本书从考古资料出发，推导本地建筑原型，寻找研究的源流，尽力规避主观偏差。

以往人们在研究鄂东民居的时候往往集中在建筑谱系研究，研究的专著多是本地建筑的"地图册"，或者说是建筑区位分布，再配合建筑简单的说明，很少站在当事人的角度研究建筑，研究建筑的文化内涵。还有一种研究是致力于介绍清代到民国时期的建筑，因为这样的建筑有实体存在。但纯粹从"物质"的角度去考察，很难明白建筑存在的精神价值。

厘清历史，才能更好理解未来。因此，在上篇里，主要讲述两个问题，一个是透过鄂东民居建筑的原本布局方式和干栏式建筑，来分析其精髓——正是这样富有内涵的建筑文化，才能令鄂东建筑历上千年而绵延不绝。另一个问题是在西方文化冲击的当下，我们的建筑形式发生了巨大的变化，如何利用保留下来的传统建筑文化的"火种"，从中寻找到共鸣，更好发展出未来新建筑。

---

① （汉）郑玄：《礼记（二）》，（宋本），国家图书馆出版社，2017，第101—102页。

第一章

内核：将鄂东传统建筑带回当下

1977年，我出生在土砖茅草修建的房屋中，这种房屋当地俗称土房子。我家的这栋土房子有两大开间，说是我三爷①当家时亲手盖起来的，印象中房子比较高大，外有廊道，后来也破败不堪。到我上小学三年级的时候，这个还带一段廊道的房子，让茅匠②给拆了，这班匠人打地铺睡在客厅里，好像是奶奶娘家的亲戚。从此，这块地基变成一个不小的院子。拆掉土房子是因为在我3岁时，我们家盖起了气派的土砖大瓦房三间，所以茅草房自然慢慢被废弃。大概6岁的一天，我用竹篮和小板凳把八仙大桌四周都拦起来，躲在里面，原来，是天空乌云翻滚，电闪雷鸣。传说这是雷公打喷嚏，小孩都很怕，奶奶和妈妈在廊檐下纳鞋底，做鞋样，我瑟瑟发抖地趴窝在自己的"房子"里，妈妈当时说"这个雷是好怕人，打个不停"，可见建筑是挡风避雨好去处，能承载人内心的恐惧。我们村庄的老名叫韩家畈，区域很广，包括东边一公里的平原地带，都叫这个名称。不知什么时候，我家祖上搬到这里，他们很有眼光，村子四周有山林（大别山东北角的最后余脉）、稻田、河流和池塘，生态景观好，适合农业生产，村庄环有10米左右宽的壕沟，防御能力强。随着人口的增加，到1986年，村部要求我们小组到马路上盖新房，因为我们村靠近张店

---

① 三爷是当地有名的木匠，解放前，曾竞标过当时镇上警察局的修建工程，这是他一辈子中主持最大的工程。他长期是我们家族的族长，直到1960年去世。
② 茅匠是当地俗语，源于当地的传统建筑，多采用茅草顶，这样的草一般3年就要进行部分更换，所以，称呼这种匠人叫茅匠。

镇街道，于是盖起两排800米长的单层红砖房，形成了街道，老庄从此慢慢没落，现如今只有3户人家，4人常住，原来水圩民居的壕沟荡然无存，大部分房基被种上杨树。从建筑的布局和形态到居住的人员，都在迅速变更之中，百年的村子，已在社会的变迁中完成其使命。

关于鄂东民居建筑的研究，其最古老的部分，大都早已成为遗迹和废墟，虽偶有单体建筑存在，基本上还是需要依靠各类考古资料来进行梳理。考古发现的重要的城市遗址有：黄州禹王城遗址，这是黄州城的历史起点，保留下成体系的城防系统；比之更早的有蕲春毛家嘴西周遗址——鄂东地区唯一的干栏式建筑遗址，这些遗址都有助于我们了解本地建筑的起源问题。

鄂东地区，南北有光黄古道，东西有鄂皖古道和长江水路，是个重要的交通节点，所以在特定时期能扮演文化交流先锋的角色，尤其同江南文化的不断振兴有密切关系。鄂东地区古建筑遗存遍布各县市，著名的有黄州的文峰塔和文庙，黄梅县四祖寺的毗卢塔[①]和花桥，团风县的问津书院，浠水县的文庙，以及其他各地的道观、寺庙、山寨堡、牌坊、书院和民居建筑等，这些实物资料是研究鄂东建筑发展的重要凭证。

我们国家的建筑，在流变的过程中，其最初的影子一直保留着。鄂东地区现存的传统建筑，和汉代的建筑相比，从样式到材料，以及空间组合仍有不少相似之处。大别山东北部地区的水圩民居和鄂东的麻城、红安平原地区的水

---

① 中华人民共和国住房和城乡建设部编：《中国传统建筑解析与传承：湖北卷》，中国建筑工业出版社，2016年9月第1版，第148页。毗卢塔又名慈云塔、真身塔，唐代佛塔，位于黄梅四祖寺，禅宗四祖道信圆寂于此。亭阁式砖塔，通高约11米。坐南朝北，塔外形平面呈正方形，塔基边长10米。毗卢塔全为砖砌，一层石础上，内收三层砖砌基础。在方形平面上，砌出外凸的墙体，在卷门上方，加有宝瓶轮廓的套纹，在四面墙上方，刻有诸佛的法号。檐口砖砌叠拱，重檐攒尖顶，铸铁覆莲宝顶；须弥座上刻精美的卷草浮雕，具有明显的唐风；翼角曲线与墙身曲线连为一体，呈优美的流线型。檐口斗拱采用外挑实板拱，体现了砖砌体结构的简洁性。毗卢塔立面造型厚重而不失精细，墙身向外拱出的造型给人奇幻之感。

寨建筑①，其四周环壕沟，建筑居于中间的"岛"上，带有明显的远古时期建筑的痕迹，可见，建筑有一个长时间传承的过程，这在我的《皖西水圩民居》一书中已经有比较详细的介绍。今天我们从另外一个角度来看，不光是建筑，在文化的传承之中，具有天然的原始性质，当地习俗等方面也是如此。"因为肉食和酒既有营养价值，又可用于祭祀鬼神，具有非常丰富的象征意义，因此在需要斋戒的各种仪式当中，人们首先需要戒绝的就是酒肉。"②一直以来，祭祀是当地最重要的活动之一，带有深刻的地域特点祭祀文化方式。而古代祭祀的不少仪轨，至今在当地依然得到传承，这类活动对建筑肯定产生重大的影响，因为祭祀活动的长期存在，我们今天在当地依然能见到与之相关的最原始的建筑。"古人认为在墓地不能号哭，因为这样会吓走死者的鬼魂，让他们享用不到祭献给他们的食物。"③所以习俗不止一种，在生活的各个方面还在影响当下人的生活，不光是建筑的本身，其实从其他一些方面，也能反映出当地建筑的发展。"君子将营宫室：宗庙为先，厩库为次，居室为后。凡家造：祭器为先，牺赋为次，养器为后。无田禄者不设祭器；有田禄者先为祭服。君子

---

① 麻城和红安地区的平原的水寨和大别山腹地的山寨有很大区别，平原地区由于地势的原因，四面环壕，山寨多在山顶之上，不具有修壕沟的条件。在使用的性质上也有根本区别，山寨是躲避祸乱之用，而水寨是长期居住之地。

② （英）胡司德：《早期中国的食物、祭祀和圣贤》，浙江大学出版社，2018，第33页。我们村子在老人过世的时候，都要进行斋戒，针对的对象是嫡系的家人、子侄等亲属，记得老家隔壁的余四奶奶去世的时候，老人的娘家侄子们都自觉在厨房吃斋，拒绝荤腥，因为招待其他客人的酒席里肯定是有酒有肉的，他们的自觉行为，赢得他人的一片赞誉。

③ （英）胡司德：《早期中国的食物、祭祀和圣贤》，浙江大学出版社，2018，第33页。放马滩（甘肃天水，埋葬时间约为前230-前220）墓葬中出土的文献和敦煌以西60英里的一处考古遗迹中出土的资料（西汉晚期）都记载有还生的故事，其中就有这种观念。参见李学勤：《放马滩简志中的怪志故事》，收入《简帛佚籍与学术史》，江西教育出版社，2001，167—175页；张德芳、胡平生主编：《敦煌悬泉汉简释萃》，上海古籍出版社，2001，183页。我的姑奶在送葬的时候，整个活动的高潮就是最后上山，所有的人都要到坟丘场地上，重要的女性亲戚扶着棺材一路哭丧，从家到坟地的数公里路上，依然如此，但一到了坟地，大家就相互提醒不要哭了，此时再哭就代表不好，和这里记载的习俗也是一样，不过，这是我儿时的记忆，现在应该早不存在了。

虽贫，不粥祭器；虽寒，不衣祭服；为宫室，不斩于丘木。"①建筑的修建等级，在古代划分明确，考察保留下的一般民宅、祠堂和书院，从造型到用材，都存在明显的区别。

所谓"内核化"的当下建筑，就是指在100多年历史之中，我们受到西方文化的冲击影响，建筑和装修都不断西洋化，但由于我们自身文化的强大作用，本土文化的基因仍然存在，譬如最近几年，几乎每个村子外围，都修建了土地庙；每户的新楼房的中堂上，都醒目地供奉着"天地君亲师"，这种民间信仰的再兴，一定程度上预示了建筑传统文化的回归，成为西洋化建筑外表下的内核，原有文化体系下的新的传承。

我们的本土建筑文化虽然受到了外力很大的冲击，但是凭借其深厚的文化底蕴，在历史进程之中，保持了顽强的生命力，成为历史的记忆。其中，看到了家、家族的价值观等因素，还是在不断影响着我们。最近10年来乡村的土地庙、寺庙、道观和宗祠，修建得非常迅速，这些属于民间信仰范畴的公共建筑的恢复，既保留了部分传统，又吸收了新文化，是乡村生态环境的重新组合。

第一节 鄂东考古建筑的基本情况：护城河与干栏式建筑

鄂东地区的古建筑中，有两个地方的建筑遗迹特别重要，一个是黄州城北面的禹王城，现存还有围墙、壕沟和建筑高台等遗迹；一个是蕲春的毛家嘴西周遗址，存留长江流域的干栏式建筑。关于两处遗址的现存资料，大部分的描述都集中在对建筑的体量和修建历史的介绍方面，绝少有建筑精神价值的研究。所以，我们的鄂东建筑研究，首先选择从细节来深入，形而上地探微物质之后的价值。譬如：护城河的"闭"，是一种精神的拱卫；而干栏式建筑，是

---

① （英）胡司德：《早期中国的食物、祭祀和圣贤》，浙江大学出版社，2018，第120页。

一种"抬"，绝不仅仅是简单的对蛇虫和潮湿的防御，其对建筑的"势"的营造，反映当时人们的精神向往。

护城河

我国古代城市的营建，营造护城河与城墙的历史十分久远，各个时期的城市中都会有所体现，即使没有这类设施，城内也会修建内向布局的建筑。"聚落的基本形态呈不规则圆形，说明人们随时面临着遭受凶猛野兽的侵害，或者与其他族部落在利益上存在的冲突。"[①]上述认为这类建筑能起到防御效果的观点，具有代表性，他们因循了考古报告的考察角度和书写习惯，搜集遗迹最全面的资料，但很少有精神价值的描述。"筑城以卫君，古代城市根据王权和宗教神圣场所的需要而产生。"[②]类似观点，只是关注聚落的防御功能，还没有上升到精神层次。

从禹王城（图1-01）现存资料来看，《黄冈县志》记载已详备，"苏轼记云：昨日读《隋书·地理志》，黄州乃永安郡，今黄州十五里许有永安城，俗谓之'女王城'，其说鄙野，而《图经》以为春申君故城，亦非是。春申君所都。"[③]相比较，考古报告的描述更加专业仔细，"但从目前的地表观察，城址四周的城墙仍高于城内外地表，凸显地面的城墙保存较好，城垣形态清晰可见，尤以南垣、东垣保存最好。暴露在地面的城垣横剖面呈梯形，高约3—7米，面宽11—15米，底宽24—35米。城址东垣、南垣和北垣外有护城河环绕，护城河明显低于城内外地表，南垣、北垣外的河道仍然碧波荡漾。西垣临近长

① 王晓华：《生土建筑的生命机制》，中国建筑工业出版社，2010，第46页。
② 苏智良、陈恒主编：《城市历史与城市史》，上海三联书店，2019，第5页。
③ 团风县政协重刊：《黄冈县志》，乾隆五十四年刻印本，长江出版社，第30页。

图 1-01 禹王城遗迹平面图

江，未发现护城河迹象"。①从古城建筑的布局，能否窥探出千年不变的建筑形式，以及各个时期隐含的建筑意蕴。这是我们要探究的重点。

禹王城南依黄州城的龙王山，其东、南、北修建有夯土城墙。"考古调研钻探表明，禹王城的城墙用泥土夯筑，虽然几千年的风雨剥蚀，人为动土破坏，城址面貌发生了很大变化……城内外钻探发现房屋建筑夯土台基17座，其中城内14座，城外3座……残存的东周城垣墙体用褐、黄、灰土夯筑。"②

相距200多公里之外，另一处的建筑遗迹，也有典型的夯土城墙，甚至内部建筑也由夯土建造而成。"城内大型夯土基址皆分布在南城北部，共2处，

① 湖北省文物考古研究所、黄冈市博物馆、黄州区博物馆，朱俊英、刘焰、刘松山、汪红英、吴仁超、王勇，湖北黄州禹王城考古发掘成果丰硕：明确城址结构布局，确定始建、修补和废弃年代，判定城址性质，《中国文物报》，2017年6月16日第008版，发现。
② 湖北省文物考古研究所、黄冈市博物馆、黄州区博物馆，朱俊英、刘焰、刘松山、汪红英、吴仁超、王勇，湖北黄州禹王城考古发掘成果丰硕：明确城址结构布局，确定始建、修补和废弃年代，判定城址性质，《中国文物报》，2017年6月16日第008版，发现。

总面积超过7300平方米。有的区域夯土下部发现有厚0.10—1米的垫土，表明夯建之前曾对土地做过平整。两处夯土基址平面形状虽不规则，布局却显精心，如基址边缘连线多为直线，外侧多有灰沟围绕，基址之间不见叠压打破关系。夯土基址1位于南城西片北部，平面形状不规则，东部中间有未夯空隙。基址坐落在一处高台上，北部稍高，向南渐低。东部隔G5（灰沟）与夯土基址2相望，北部亦分布有灰沟，凸显其重要性。基址东西最宽100米，南北最宽123.20米，面积达6500平方米。夯土为红褐色，致密，含少量红烧土颗粒，厚0.70—0.80米。"[1]据此分析，鄂东大别山地区的建筑遗迹，存在有夯土的城墙与护城河等构成的区间隔离建筑，它们是重要的防御建筑，作为建筑防御的元素，构建的形式归结到在全国大系统之下。

更早一些的半坡遗址，大家都不陌生，那时的建筑被修建在壕沟之内，这样的阻隔使得人们通过狭窄的通道和外界进行连接，生活和生产的物资都从外面获得。人去世之后，也被葬在壕沟外的公共墓地，桥这时起到媒介的作用，是连接生死两界的唯一渠道。我们再考察汉唐之间大量出现于墓顶星象图中的银河，它是否就是人间壕沟或护城河的映射呢？禹王城的护城河也秉承这样的布局方式，在防御功能之外，空间的内外划分，是否还隐藏着区分两种世界的意味呢？

"'闭合空间'对宫庙建筑的重要性在凤雏礼制建筑中体现得更明显。凤雏建筑的平面布局远较二里头建筑复杂，但二者基本建筑语汇则相同，均由廊庑、庭院、殿堂构成。这座周代宫庙所体现的设计上的进步有三：一是影壁的出现，其目的明显在于造成建筑体的完整闭合。二是二里头遗址的单一庭院结构在这里变成重叠式的，整个建筑体则包含了一系列'开放'和'闭合'空间的交递。三是'中轴线'这一重要建筑概念的确立。自此以后，中国宫庙建制

---

① 河南省文物考古研究所：《河南信阳市城阳城址2009—2011年考古工作主要收获》，《华夏考古》，2014年第2期，第6页。

一直沿循纵深方向发展而形成二度空间的扩张，最后的结果则是孔庙、太庙、紫禁城这种大型建筑群。在这些晚期建筑中，重门高墙划分出越来越复杂的'闭合空间'组合，但其中心总保留了宫庙建筑的雏形。"①与禹王城比较，晚出的禹王城作为鄂东地区的政治、经济和文化中心，营建这样的闭合空间，是二里头时期建筑文化的一种延续，也是维护着"闭合"和"两界"中存在的区分与联系。

这种闭合空间的营造，表达的意思是"闭也""静也""神也"，具有明显的象征意义，禹王城要构建这样的闭合空间，需要高墙和护城河，吊桥是唯一通道，通过城防和建筑本身的防护，层层设防，达到视野的缩小，空间的局促，造成由视觉到心理上"闭也""静也""神也"的反应的递增，达到与外界的间隔。②从二里头建筑的围合来看，入口部分可以理解为漏气，而建筑又需要围合，最古老的影壁就应运而生。同时，祖先崇拜的观念也影响着这一时期的营造。到了东周以后，建筑的围合空间没有变化，但是祖先崇拜的庙堂，从城市建筑的核心迁出，把核心的位置，留给了代表天神来治理人间的"巫"与"王"，尊崇的主体虽然变了，空间处理的手法却雷同，被尊崇的空间内核一直没有变化，甚至延续到两千年之后。

在鄂东地区的走访中，有些乡镇也还能见到城墙的身影，譬如宋埠和它旁边的歧亭镇（图1-02）。有关志书记载："2月7日（1866）动工修筑宋埠城，1869年竣工。清同治五年至八年，胡超群等人召集数千民工，修筑城墙。"③歧亭镇修建了远超乡镇规模的城墙，特别是历史上，成为于成龙剿匪的大本营

---

① （美）巫鸿：《礼仪中的美术：巫鸿中国古代美术史文编》，郑岩，王睿编，郑岩等译，生活·读书·新知 三联书店，2016，第553页。

② （美）巫鸿：《礼仪中的美术：巫鸿中国古代美术史文编》，郑岩，王睿编，郑岩等译，生活·读书·新知 三联书店，2016，第556—557页。

③ 麻城市宋埠镇地方志编纂办公室编：《宋埠镇志（内部发行）》，黄冈日报印刷厂印刷，1989，第7—10页。

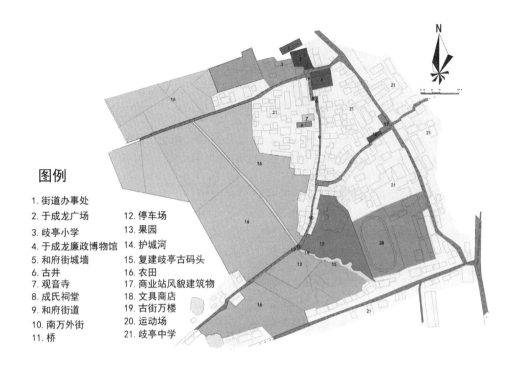

图例

1. 街道办事处
2. 于成龙广场
3. 岐亭小学
4. 于成龙廉政博物馆
5. 和府街城墙
6. 古井
7. 观音寺
8. 成氏祠堂
9. 和府街道
10. 南万外街
11. 桥
12. 停车场
13. 果园
14. 护城河
15. 复建岐亭古码头
16. 农田
17. 商业站风貌建筑物
18. 文具商店
19. 古街万楼
20. 运动场
21. 岐亭中学

图1-02 岐亭镇平面布置图

后，军事价值一度超过黄州城，在整个清代都特别有名。"岐亭位于城西37公里处。齐梁间为岐亭县，自古为兵家必争之地，历代统治阶级都设重兵镇守。城周长5里，高2丈许，有东、南、西、北、小南五个门，二十八敌楼。清同治年间，增修城池，为邑西保障。1938年后，屡经战乱，毁圮殆尽。"①

民间防御功能的这种围合的小空间就更加普遍，像叫水寨、丁家土城、杨家院子等村落建筑，也都有或曾有壕沟、城墙或院墙。"水寨（图1-03和图1-04），该村位于黄土岗自然镇南1公里。原名李家墩。居民为防盗贼，在村周围曾挖一道深壕，故更名为水寨。丁家土城，丁家土城大队驻地，该村

---

① 湖北省麻城地方县志编纂委员会：《麻城县志》，红旗出版社，1993，第529页。

图 1-04 夫子河镇郑家寨平面图

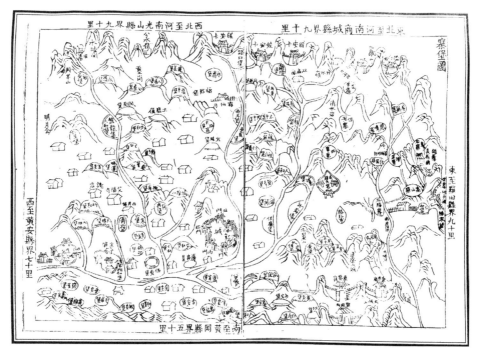

图 1-03 麻城县寨堡图

居民姓丁，村子周围曾筑有坚固的土城墙，故名。杨家院子，该村居民姓杨，村周围有土院墙，故名。"[1] "公义堡，同治六年，周围三百余丈，丈高一丈二尺，有梁门。"[2] "仁义堡，同治五年，周围四百余丈，高一丈五尺，三门。"[3] "宝珠寨，同治四年，周围三百余丈，高一丈五尺。"[4] "祖公山寨，周围八百余丈，高一丈五尺，四门。"[5] 从修建的规模看，集中在900米的周长度，修建的高度多3.5米或以上，多石头垒砌。建造的组成分析，由族内和周边群众合建，或者在乡贤的领导下，统筹建造。需要指出的是，这些壕沟与城墙，更多扮演的是建筑里城防系统区分"内"与"外"的角色，建筑的精神价值追求，发展到封建社会后期已经淡化，注重的是防盗等功能性追求。

干栏式建筑

在湖北古代建筑考古中，盘龙城是湖北一处重要的夏商时期城邑遗址，是南方王化的象征。而在鄂东地区，蕲春毛家嘴西周遗址的干栏式建筑遗存（图1-05），在整个长江中游地区，也很具有代表意义。干栏式建筑曾在历史中发挥了非常重要的作用，鄂东地区江边、湖区还保留有这样建筑的遗迹，能唤起人们的历史记忆。

---

① 麻城县地名领导小组编：《湖北省麻城县地名志（内部资料）上册》，1984，第256页，第273页，第380页。

② 余晋芳 纂：《湖北省麻城县志前编》，民国二十四年铅印本，成文出版社有限公司印行，卷五，武备，寨堡，第9页。

③ 余晋芳 纂：《湖北省麻城县志前编》，民国二十四年铅印本，成文出版社有限公司印行，卷五，武备，寨堡，第9页。

④ 余晋芳 纂：《湖北省麻城县志前编》，民国二十四年铅印本，成文出版社有限公司印行，卷五，武备，寨堡，第9页。

⑤ 余晋芳 纂：《湖北省麻城县志前编》，民国二十四年铅印本，成文出版社有限公司印行，卷五，武备，寨堡，第9页。

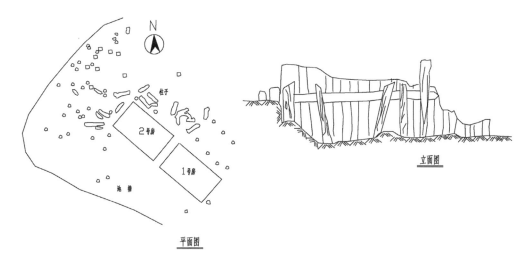

图 1-05 蕲春干栏式建筑遗址

考古资料对蕲春毛家嘴西周遗址的基本描述如下：

"1957年冬，蕲春毛家嘴村民挖塘泥时发现了一处西周遗址，面积约3万平方米。其中有约5000平方米木构建筑遗迹。……专家们认为，这里应是一处大型干栏式建筑群，为有阁有楼的贵族宫苑。"[①]

"总体面积约二三万平方米，木构建筑遗迹仅发现于三个水塘底部被破坏的地方。但从试掘和粗略的钻探资料看，木构遗迹的范围将在5000平方米以上。三个水塘大小不等。大者为椭圆形，北窄南宽，长78、宽36、深1.39米。小者呈不规则的方形，在大水塘的北面，间隔0.8米宽的土脊，长25、宽18、深1.24米。中者近三角形，在大小塘以西78米，长42、宽38、深2.96米。"[②]

从中可以看到，建筑的分布比较广泛，得益于留存在池塘之中，在水的

① 湖北省住房和城乡建设厅：《湖北传统民居研究》，中国建筑工业出版社，2016，第12页。
② 黄冈市博物馆，吴晓松主编：《鄂东考古发现与研究》，湖北科学技术出版社，1999，第170页。

隔绝下，建筑的构件才能长期被保留下来，也印证了木材保存的老话，"干千年，湿千年，不干不湿就两年"。优越的保存条件使得今天我们在遗迹的基础上可以重现当时建筑的基本原貌。考古资料表明，总共有两块区域的木建筑遗迹得以较好保存，具体数据如下：

木构遗迹一

中型水塘的木构遗迹，形制较清楚，暴露面积亦较大，约1600平方米。在试掘的范围内共发现木柱109根。木柱直径多在0.2米左右。分布在Ⅱ4～12/1～7、Ⅲ3～10/1～3。诸探方者，排列整齐，纵成行，横成列。在它们的周围，有的残有排列整齐的木板墙。有的木柱上还凿有榫眼，以便插置横柱架扶板墙。板宽0.2～0.3米，厚0.02～0.03米。我们根据残留的木板墙角及木柱的排列形式复原了两间长方形房子。

1号房位于Ⅱ6～7/1、Ⅲ5～8/1～2等8个探方中。长8.3、宽4.7米。方向130°。房内有木柱18根，粗细不等，粗的径长0.2～0.3米；细的径长0.1米左右。排列成方格形，纵3行，横6行。纵距在2米左右，横距在2或3米左右。

2号房在1号房之西，位于Ⅱ7～10/1～3等7个探方中。长8、宽4.7米。方向与1号房相同，并在一条直线上。房内有木柱15根，亦成方格形，纵3行，横5行，排列较1号房整齐。粗者7根，4根与南墙平行，3根与北墙平行。8根细柱，5根等距分布在房的纵中线上，并与两侧粗柱成行成列；西南与西北角上各有1根；另1根靠在北墙的中部。

3号房未能完全复原，位置在1号房的北侧。残有粗柱7根，排列成横方形。木柱周围没有发现板墙的遗迹。从木柱的分布及间距看，3号房的大小和形状应与1、2号房相同。

上述三间房子，因板墙破坏过甚，都未发现门道。这三间房子的形状、大小都相同，而且距离很近，每间之间只有宽约1.3米的甬道，看来它们不是自成一个单元的住房，而是一个住房的某些组成部分。房内木柱的分布也略有不同，1号房的东部木柱分布较密，可能另有小的隔间；2号房内的木柱分布较疏且间距均匀，可能没有隔间；3号房内空间最宽敞。这种结构上的不同可能是因为在用途上有所不同。

在2号房西北保留的建筑残迹最多，发现有粗细木柱45根和一段长达4.05米的弧形木板墙。生活用具也很多，如黑底红彩的漆杯、木瓢和较多的陶片。另外还发现有卜骨和卜甲等。在这个地方的南部，曾发现有木制楼梯形的残迹。在1号房之东的Ⅲ3/1探方内还发现有大块平铺的木板。从这些迹象观察，有些建筑可能是木构的楼房。

3号房附近及其以北的地方，破坏最厉害，以至没有发现任何文化遗存。在Ⅱ4～7/4～6等几个探方中，分布有粗细木柱19根，但看不出有什么规律。在Ⅱ7/5内，发现了一个井，直径在1米以内，残深不及1米。[①]

这段记载表明，遗址的建筑用材，有了比较明确的分工，建筑的构成元素明确，包括柱子的排列整齐，柱子选用0.2～0.3米粗的木材，结构合理，承重力强大。这些建筑是楼房的结构，在湖湘潮湿地带，鄂东的先民合理趋避，摆脱了潮湿对人居的不利影响。墙体部分运用了分板，可见当时的木材加工技术已经很强大，很难想象0.02～0.03米厚的板材是怎样加工出来的。四周还散落有石材，可见建筑的基础部分已经很牢固，先民已经懂得了在不同部位运用合适的材料。

木构遗迹二

主要分布在大型水塘内，小型水塘内只发现少数几根木柱。遗迹的范围很

---

① 黄冈市博物馆，吴晓松主编：《鄂东考古发现与研究》，湖北科学技术出版社，1999，第170页。

大，共发现粗细木柱171根、房子2间、木板墙残迹13处和1处长2.3、宽2.8米的平铺木板遗迹。

1号房位于Ⅰ22～23/2两个探方中。近梯形，东西长4.6米；西墙较窄，长2.2米；东墙较宽，长3.3米。房内有粗细木柱15根，都紧靠木板墙。靠南墙的木柱上有的还凿有槽形榫口，横架一条长2.9、粗0.1米的木棍，以扶持木板墙。推测其他三面墙也是同样结构。在房内的西部，发现带榫长方形木条块，可能是做榫接板柱用的。

2号房位于Ⅰ21/4～5两个探方内。只残存南东角的板墙，东墙残长4米，南墙残长1.6米。东墙方向为348°。

此外在Ⅰ21～22/5～6、Ⅰ24/1、Ⅳ21/2、Ⅳ21/3、Ⅳ23～24/4、Ⅳ24/3、Ⅳ24/5、Ⅳ25/2等探方中，也都发现有木板墙的残迹。

在Ⅰ24/2探方中，还发现一处木板残迹，长2.15米，宽1.65米、厚0.05米，系由三块长2.15米、宽0.5米的长方形木板和一条长2.8米，粗0.1米的木棍组成。木板平行排列，东部有榫槽，穿以木棍，将木板连接在一起。似是木制地板残迹。在木板东北角0.75米处发现的木柱，很可能是架支地板用的。

此外，在大、小型水塘内发现的木柱中，还有很多是有规律地排列的。有的排成直线，有的排成直角，有的则排成平行线。这些现象都表明它们和木构建筑有关，但由于破坏过甚，无法了解它的形制、细部结构和组群关系。[①]

鄂东干栏式建筑，在全国都是比较重要的一种建筑形式与遗迹，在长江中下游潮湿地区，要修建临水的建筑，而又无法普遍采用台式建筑，所以，干栏式建筑应运而生，它采用了台式建筑被"抬举"的样式，解决了潮湿的问题，达到了临水而居的目的，可谓是一种为潮湿地区而生的十分经典的建筑样式，具有

---

① 黄冈市博物馆，吴晓松主编：《鄂东考古发现与研究》，湖北科学技术出版社，1999，第170页。

旺盛的生命力，如今，我国南方一些地区和东南亚的国家，仍然在广泛使用。

湖北地区多江河湖汊，所以干栏式建筑较多存在。20世纪80年代后，才逐步被改建了。我们从很多乡镇都位于河汊之地，甚至现在还有占用河床来建设房屋来看，就很好理解干栏式建筑大量存在的原因，它一定程度上带有水上建筑的遗风。"在宽阔的湖泊和主要河流上，一直以来都有许多以水上作业为生的居民。他们或专门从事捕捞渔业，或从事水上运输和交通，或半渔半耕。许多人常年生活在船上，他们既可单独作业又能联合经营，白天劳作，晚上通常停泊于相对固定的地点。一些港湾、河汊成为船民经常集聚停泊的场所，形成特有的水上聚落形态。这类流动型水上聚落在规模上大小不一，船只从三五条到上百条不等。由于集中停泊于相对固定的港湾，该地点岸边自然衍生出相关生活服务设施，如商业店铺、摊贩等。还有一些船只专门经营生活服务，甚至还设有'水上学堂'。这类水上聚落历史悠久，历代地方志书上多有记载，目前在洞庭湖流域和汉江流域依然存在。"①清末的汉口沿江地带，还能看到干栏式建筑大面积的存在。逐水而居的聚落慢慢形成，主要是由多江河湖汊的地貌特点决定。

"长江沿线、洞庭湖流域及汉江流域一直有此类船民。他们和陆地居民语言相通但又有别于当地的族群，有许多独特的习俗，是个相对独立的族群。船民聚落，以船为家，每船首尾翘尖，中间平阔，并有竹篷遮蔽作为船舱。一艘船同时提供了工作和生活的空间，生产劳动在船头的甲板，船舱则是家庭卧室和仓库，而从事水上运输的置民会将船舱同时作为客舱或货舱，有时置民还在船尾饲养家禽。早年上岸定居的船民则在江畔，港深滩涂兴建干栏式民居。先在地面打上木桩，然后或是将原先的家船架于其上作为房屋，或是在木桩上设木板建设房屋，其内部空间非常狭小，这种房屋被称为吊脚楼，20世纪50年代

---

① 李晓峰、潭刚毅主编：《两湖民居》，中国建筑工业出版社，2009，第5页。

起政府陆续安排船民上岸，21世纪初大部分已经定居陆地。"①对于专门在长江和汉江这样的大河流里，过去有很多长年居住在船上的居民，他们在逐渐舍舟登岸的过程中，采用过的过渡建筑形式，就是干栏式建筑。黄州城北面的鸭蛋洲，是长江上的冲积沙洲，洲上的建筑，受到干栏建筑的影响，都修在高台上，多数人家垒台基3至5米高，建筑采用梁柱结构，不砌墙，用稻草绳在柱子上进行盘结，再用泥巴糊墙。汛期当江水淹到房子的时候，融化泥巴，水能比较顺利地流淌而去；建筑的上部分，家家都修建阁楼，在水到来之前，就把重要家具放在阁楼上，避免被水冲走。甚至有人在阁楼上储备一艘船，以作生避之用。显然，这样的建筑体现着湖居之地的人先民独特的生存智慧。

当建筑下半部分只剩下几根柱桩的时候，建筑的上部就被无形加大，这样无限被抬举，又有怎样的精神内涵？在汉代画像砖中，这样的建筑在修仙精神感召下，被神化，成为精神最后的归宿——昆仑山的代表，于是建筑的屋顶上住满神仙，人成仙之后，还会皈依到西王母膝下。"但文化性格转变了。唐代那种飞跃的屋顶，经过宋代的制度化与金元的修正，到明代，翅膀就收敛了。这时候建筑的主要造型因素是墙壁，装饰的主要因素是屋脊。宋代以前，民间建筑大多是木架上顶着一个歇山屋顶，此时却改为山墙上顶着硬山屋顶。建筑环境的气氛只要比较宋代张择端的《清明上河图》与清代宫廷版的《清明上河图》就一目了然了。开放的中国建筑终于加了一个硬壳，我们成为造墙的民族了。"②我国传统建筑，在很长的发展时间里，没有封闭的墙，多用通透性很强的长窗与木门，一直灵性很强，直到明朝后，才大面积出现砖墙民居，我们才成为真正的"造墙的民族"。

① 李晓峰、潭刚毅主编：《两湖民居》，中国建筑工业出版社，2009，第52页。
② （台湾）汉宝德：《中国建筑文化讲座》，生活·读书·新知三联书店，2006，第74页。

第二节 民国五年现象:鄂东传统民居的挣扎

民国初年的鄂东地区,修建了一批高质量的民居建筑,为什么叫高质量,主要是由于建筑的选材讲究,装饰精美,多是硬山顶建筑样式,不比普遍老百姓的生土建筑,这类建筑的基础都是十分平整的石条,垒砌高度一般达到1.5米高,上面砌青砖墙,四面檐口绘制十分精美的壁画,通常在大门上,特意绘制一幅书卷造型的壁画,和真书差不多大小,有时还绘制一摞书,其中最外边的一本,书写有建筑修建的具体时间,基本都是民国初年,其中民国五年比较多一点(图1-06),所以,我们称之为民国五年现象。这类建筑,多数是地主或在外地做生意的商人老宅。这些建筑反映了在那个社会剧烈动荡的时期,商人和军人在鄂东地区成长过程。

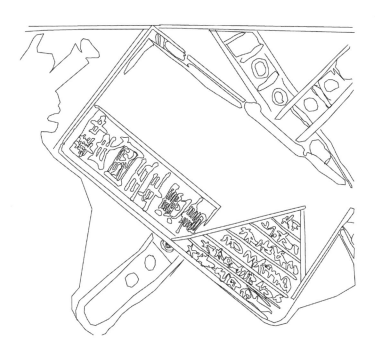

图 1-06 麻城宋埠龙井喻彭英垸壁画

鄂东农业社会环境

在调查鄂东的古建筑过程中，发现有两个现象，其一，鄂东居民都是洪武年间从江西瓦肖坝迁移过来，美国汉学家罗威廉甚至称他们是"江西商人"，可见同江西有非常紧密的联系，这些，家谱里都流传有序地记载下来。其二，就是"民国五年"现象。政权更迭的关键时间，武汉被推到风口浪尖，成为辛亥革命发祥地。在这样一个动荡的时期，又是什么样的因素，使得鄂东地区，反而大兴土木，修建了大批的民居，是因战争造成的破坏而重修，还是商贸的繁荣造就了短期的建筑兴起？"从1808—1856年间大约有3.68亿银元的白银流出国外，而在1721—1800年间和1857—1886年间分别有大约1.73亿和6.91亿银元的白银流入中国。从1888—1898年间，中国的贸易收支转为赤字，但是海外华人的汇款弥补了这一赤字，因而白银仍有净流入。从1899—1921年间，除了海外华人的汇款外，《马关条约》所允许的外国借款和投资也弥补了贸易赤字，而使中国的国际收支成为正数。"[1]从林满红的《银线：19世纪的世界与中国》一书中所记载的

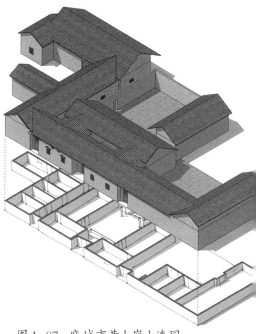

图 1-07　麻城市黄土岗小漆园院落建筑布局图

① （台湾）林满红：《银线：19世纪的世界与中国》，江苏人民出版社，2011，第263页。

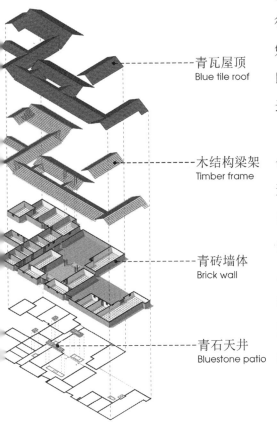

青瓦屋顶
Blue tile roof

木结构梁架
Timber frame

青砖墙体
Brick wall

青石天井
Bluestone patio

内容来看，当时维持经济发展的货币体系还很顽强，通过各种手段，经济和贸易仍得以勉力维持。正是在这样的大背景下，鄂东地区才能在短时间内修建那么多的民居建筑，还包括这种大屋民居（图1-07）。

分析社会的变更状况，不难发现各种社会势力在清朝垮台后到民国这段时间，意识形态以清代后期的社会秩序的进取心为特色的社会物质基础和政治逻辑。"后帝国时期开创了一个新儒家乡村秩序的议程不再有意义的新纪元。包括军人和商人精英在内的新精英阶层的出现，加上秘密社团和帮会组织这种反精英的结晶，使得先前的社会秩序逻辑难以为继，更不用说继续贯彻了。"[1]

大环境的改变，国家的政局维持基本的稳定，才能塑造出好的营商环境。在商人汇集的鄂东地区，对时局的把控比起一般百姓，要敏感很多。"1911年的近三亿二百万两的税收相比就不值一提了：农业税从三千万两增长到五千万两，另有四千五百万两来自各项收入；剩下的超过二亿七百万两

---

① （加）卜正民、（加）若林正：《鸦片的政权：中国、英国和日本（1839—1952年）》，黄山书社，2009，第218页。

收入来源于商业税"① "据记载，在长江下游地区，也就是中国稻米产区的中心地带，1888年时，自耕农占90%，到1905年时，下降到26%，其余74%则为佃农和半自耕农；到1914年时，自耕农下降为11.7%，而佃农和半自耕农则上升为88.3%。"② "农业部门主要是由6000万至7000万个家庭农户组成，其中大概有1/2的农户是自耕农，1/4是半自耕农，向地主租种若干土地，其余1/4是佃农。"③在清朝末年的后三十年的时间，自耕农在社会所占比例的迅速降低，反映出土地资源日益集中到地主阶级手里，农民失地，财富被少数精英阶层掌控的社会现实。

这一社会现实，也表现在当地建筑的分化上，青砖硬山墙建筑多是地主和富商大贾的宅院，大宅院建筑和高大单栋为主要形式，而普通人家一般是生土建筑，最多仅仅在正面砌以青砖墙。还有一种土墙茅草房，是最底层百姓的居所，当时数量应该很大，但是实物不易保存，存量反而不多。

之后的25年中，"随着商业的萧条，地方（农村）企业发现很难再从银行（钱庄）取得信贷，金融机构的管理者也开始忧虑建立在抵押物（生产资料、工业产品）上的借贷安全。于是资金从农村地区退出。这一方面使农村地区的工农业生产遭受现金和信贷短缺，另一方面这些资金涌入上海金融市场，大大推高了当地房地产的价格，也扩大了地产信贷。其深重后果则是一方面导致城市和农村之间的资金流通停止，城市农村信贷关系系统随之崩溃，另一方面使城市金融机构信贷畸形扩张，自身变得非常脆弱。到了1934年，由于持续经年

---

① （加）卜正民、（加）若林正：《鸦片的政权：中国、英国和日本（1839—1952年）》，黄山书社，2009，第224—225页。
② （美）蒲乐安著，刘平、（美）裴宜理主编：《中国秘密社会研究文丛，骆驼王的故事：清末民变研究》，商务印书馆，2014，第28页。转：吴雁南：《辛亥革命与农民问题》，《纪念辛亥革命七十周年学术讨论会论文集》，中华书局，1983，第488页。
③ （美）费正清编：《剑桥中华民国史1912-1949年，上卷》，中国社会科学出版社，1994，第32页。

的白银外流，加上美国通过《白银收购法案》的雪上加霜使中国经济出现更为严重的通缩。"①从城乡的大萧条开始，特别是城市的金融危机，带走了农村发展的资本，经济大萧条，农村大衰败，房屋建设的繁荣期已然失去，加之西化建筑流行，本土建筑再辉煌的社会基础已经不存。

湖北向得风气之先，晚清时期，湖北有不少学生去外国留学，主动接受外来文化，武昌首义的成功，有偶然性但也更是一种必然。从地图看，湖北是东西向发展的布局，黄金水道长江自西向东，贯穿辐射整个省，形成了大范围的码头文化。这种文化吸收和消化能力强，外国文化首先在宜昌、荆州、汉口、黄州、蕲春等逐点布局，通过串联长江布局点向周边扩散，很快实现外来文化的传播。同样，革命思想在湖北新军中的传播也是如此。"在形式上，辛亥革命与其说是开端，不如说是终结；在一定程度上，是一个王朝逐渐消亡的结果。虽然辛亥革命在一定程度上也是民族主义的胜利；也是来自海上的影响，及其进入中国沿海及沿江港口城市的胜利。辛亥革命主要是从日本归来的留学生组织起来的，其财政上的援助则来自海外的华侨社团。"②

教育的变更

"张之洞曾说：'中国不贫于财，而贫于人才。'随着湖北办实业、练新军等各项事业的发展，人才不足的问题愈益突出，故张之洞在一面尽力罗致人才、聘请外国专家的同时，一面改造旧式书院、创办新式学堂。清末二三十年间，湖北教育通过由高等向低等、由普通到专业、由省城到州县的发展，逐步形成了一个地区性的现代教育体系。到1907年，全省有各级各类学堂1500所，学

---

① （日）城山智子：《大萧条时期的中国——市场、国家与世界经济（1929-1937）》，江苏人民出版社，2010，第2页。
② （美）费正清编：《剑桥中华民国史1912-1949年，上卷》，中国社会科学出版社，1994，第27页。

生5.6万余人；1910年学校数达到2000所，学生则有7万余人。"①湖北近代社会的改变在人才，更在教育。改变最大的是教育，人才培养的导向对社会影响巨大，在晚清的教育改革之中，学习西方的教育体系，废除科举制，对文人和文化产生深远影响。"义和团运动后的十年间，由地方和国际条件造成的国内机遇使许多家庭能够积累资金，进行新的选择，比如采用不同于以前那种读经科举入仕的科目来教育子女，建立工厂，学习新的农业方法……中国正在变成一个给予他们越来越少的经济和道德支持的社会。"②"在湖北，一位毕业于日本士官学校的学生，革命家吴禄贞，回湖北后在政府的新军中服役。他便利用他的势力在陆军中安插了几位同志，并且在士兵中搞宣传鼓动工作。"③吴禄贞的父亲是私塾先生，吴禄贞15岁时其父去世，同年他到湖北织布局当一名工人，1896年加入湖北新军工程营，1898年，被张之洞推荐入日本士官学校陆军骑兵科深造，成为留日第一期士官生。吴禄贞没有走科举之路，而是先新军，随后去日本留学，走上革命道路，这是科举制度下，完全不能想象的仕途之路。

这一变化的直接导向是为推翻清政府，间接酝酿着风起云涌的革命风暴，乃至后来的"黄麻起义"。"自学宫裁撤废科，举射学堂，其田产概移作教育经费。"④从清代的教育方式转变到现代教育的过程，时间还比较短，从资产的承接上，有一定的延续性质。这个时期的建筑，也多少反映出社会思潮的变迁。

经过90年的发展，鄂东地区的教育现代化框架基本构成，"2007年，全县校园总面积达3216478m²，舍总面积842562m²，全县有教育部门管理的各级各

① 章开沅、张正明、罗福惠主编，罗福惠：《湖北通史（晚清卷）》，华中师范大学出版社，2018，第214页。转自：张继煦：《张文襄公治鄂记》，湖北通志馆1947年版，第7页。《湖北学堂和学生增加》，《时报》，庚戌年七月二日（1910年8月6日）。
② （美）蒲乐安著，刘平、（美）裴宜理主编：《中国秘密社会研究文丛，骆驼王的故事：清末民变研究》，商务印书馆，2014，第65页。转：张玉法：《中国现代化的区域研究——山东省，1860—1916》第二卷，第850页。
③ （美）费正清编：《剑桥中国晚清史1800-1911年，上卷》，中国社会科学出版社，1985，第469页。
④ 麻城市地方志办公室搜集再版：《麻城县志》，民国二十四年铅印本（续编），1999，第55页。

类学校209所，其中公办幼儿园（所）和完全小学167所（教学点124个）初中26所、完全中学1所、普高4所、职高1所、九年一贯制学校1所、特殊教育学校1所、民办学校4所；幼儿园及中小学在校生共103518人，其中学前教育在园幼儿4726人、小学生40116人，初中生41298人、高中生14626人、职教中心学生2700人、特教学生52人。"[1]基础教育与建筑从表面看没有直接关系，但是观念的改变是由教育慢慢形成，建筑形式的选择，技术的提高和材料的运用等，都和教育发展有密切的关联，只是需要时间的积累才能显现。

"民国五年"现象，出现在传统建筑走向末端的时期，这一时期的建筑基本上按照传统的工艺和技术，以及指导思想来修建，沿用了我国发展了几千年的建筑理论，同时在这样的建筑之中，也慢慢有变化，比如壁画之中的洋人、火车和轮船的出现，骑楼在建筑外观上运用，家具和陈设之中，慢慢开始运用欧式元素，预示着新建筑要到来。所以民国初年的这样一批建筑存在的意义特别重要，它给当下的社会，保留下珍贵的建筑文化遗产。既为研究过去的建筑发展情况提供了实物资料，也为新建筑的设计提供重要的采风机会和参考资料。

第三节 小结

建筑会随着时代的发展不断改变，鄂东建筑在历史之中有文化传承，和各地区之间有相互影响，也有因地制宜的具体解决方案与创造，生生不息，为鄂东的儿女提供遮风挡雨之所。

当下的鄂东建筑处于"文化困局"，也是建造的大发展时代，先人留给我们的优秀建筑范例，是鄂东地区类型建筑的丰富营养和文化内涵，为我们破解困局、创新发展的重要源泉之一。村民在建屋时，自觉保留了对祖先记忆的

---

[1] 湖北省红安县地方志编纂委员会主编：《红安县志(1990-2007)》，武汉大学出版社，2016，第494页。

建筑空间、器物和礼仪等元素，"中国传统文化的核心——对'天、地、君、亲、师'的崇拜与敬重，是中国人传统信仰最高、最集中的体现"①，在当地的新建筑客厅里"天、地、君、亲、师"的匾额在客厅的核心位置摆放，新建筑还保留下礼仪空间，并普遍存在，可以说，撑起传统建筑文化的灵魂依然保留着。但是我们传统的建筑在当下发展中，如何跟上时代的节奏，适应时代的选择，目前这还是难题。

鄂东民居建筑，溯源而上，就是对泥土的再造，包括了建筑的重要元素——城墙（就是泥土再造），还有壕沟（则是泥土的开挖），以及高台建筑的垒砌，这些都是运用泥土技术的娴熟表现，也正是对生土建筑技艺长年累月的运用，使得各方面的技艺日趋纯熟，才促进当地民居建筑文化更加丰富。不管是护城河，还是干栏式建筑，都是在细节之处透出精神，反映出鄂东建筑在产生之处，就在全国大文化的体系下，沉淀出丰富的精神文化层次。

清中期以后，武汉的商业发展已经非常繁荣，在中部地区商品经济中具有举足轻重的地位。"到清代，长江中上游商运发展的结果，出现了号称九省通衢的汉口这样的商业大镇，人口达十万（乾隆时）。"②湖北早期的商业发展，带动了后来的剧变，在受到外来文化影响的同时，我们自身的变革力量也是巨大的。到民国五年时，鄂东民居建筑处于千年未有之大变局之中，大城市和核心的县镇都有明显的欧化显现，但农村地区，很长时间失去城市资本的支持，变革缓慢一些，"解放后人民生活水平不断提高，住宅条件也不断改善，据统计全区80%的农改做了新屋，改做后大部分村庄坐北朝南，屋基沥水，四面有窗，室内干燥，通风透气，房子的质量大部分是砖木结构，其规模大五间最广，还有少数农户住上了楼房"。③特别是20世纪80年代后，城乡间资本

① 苏秉琦：《满天星斗：苏秉琦论远古中国》，中信出版集团股份有限公司，2016，第25页。
② 马敏：《官商之间：社会剧变中的近代绅商》，天津人民出版社，1995，第47页。
③ 铁门岗区志办公室：《铁门岗区志》，黄冈县新华印刷厂印刷，1987，第196页。

和文化交流加大，随着国家的不断开放，鄂东地区不加思索地全盘接受东部地区的建筑，"小洋楼"在30年内遍地开花，致使我们找不到一个完整保留传统风貌的村庄。大约在5年前，鄂东的黄州城，花去数十亿的资金，在遗爱湖畔全面打造环湖全民公园，为当地百姓提供了文化休闲和健身的好去处，当地百姓都很喜欢。从环湖公园的建筑风格来看，复古的特点非常鲜明。其实当下的建筑，特别是园林建筑，多数遵循复古的路线，没有走现代化景观之路，我们鄂东地区建筑发展还没有找到原创，处于瓶颈期。这也促使我不断研究鄂东民居，为建筑文化的回归寻找出路。

第二章

『欧化』：鄂东建筑的『现代化』

鄂东建筑的"欧化"是新奇的民族志事实，从古至今，为追求"安居乐业"，人们总是倾己所有，修造房屋，民居建筑同时体现着对子女的关怀和对祖先的崇拜。

　　鄂东建筑，特别是近代建筑，在保留传统的基础上，大量吸收外来文化的特点，现存的建筑风貌中都有反映。整体来看，南部沿江和平原地带，传统民居建筑物的保留要少，东北部靠近大别山腹地保留比较多，还有就是传统意义上黄孝帮的红安和麻城，保留下来的传统村落多，主要是当时他们的经济实力强，建筑质量好，得以至今保留，而很多简陋的建筑，在近20年来被逐渐遗弃，损毁严重。所以在讨论鄂东民居建筑的现代化发展时，一个基本事实是：传统建筑已经处于衰败中，很多大型建筑在解放之前就已经衰败得很厉害。我们先从传统文化的教育方式被西化开始研究，以傅兴垸的乡绅花园没落为研究背景，导出鄂东现代化的起源，以及与此同时甚至更早一点，鄂东民居建筑，在外来文化和"西风东渐"一轮轮冲击之下，被逐渐西化的现象。从那时至今的一百多年，都是我们的文化愈合阶段，"1894—1895年的中日战争无情地宣告了中国'自强'企图的破产。军事上的失败促使人们对中华帝国能否生存下去这个问题发出疑问。西方人开始预言中国将要解体，这在西方列强和日本联合争夺租借地时更为明显。到（19）世纪末，中国的大半壁江山都落入西方列强的魔掌之中。清帝国海关总税务司赫德爵士是惊呼中国行将灭亡的人士之一。"①

---

① 祝勇：《帝国创伤——重述中国晚近历史的悲情片段》，中国文联出版社，2009，第232-233页。转自（英）约·鲁伯茨：《十九世纪西方人眼中的中国》，第140页，事实出版社，1999。

早在19世纪中，一些敏锐的日本人已经看出了清帝国岌岌可危的前景。"三个未来的领袖高杉晋作（Takasugi Shinsaku）、日比野辉宽（Hibino Teruhiro）、纳富介次郎（Nōtomi Kaijirō）参加了1862年6月2日到7月31日去上海的代表团，当时太平军正和英法军队及外国常胜军在附近打仗。这三个人是最早到中国观察实际情况的日本人，而他们一直把这里当成孔子和圣贤们的故乡。这些旅团居者们非常震惊地发现中国人居住在肮脏的小屋子里，像奴隶一样对高傲的西方人卑躬屈膝。"①从这段文字我们可以看出大的社会格局变化的到来，以及西方人所代表的文化所取得的优势地位。这种变化当然影响到建筑本身。对自身文化不自信，让我们的建筑在西方文化冲击下，不由自主地发生蜕变。

第一个例子，从麻城南部的傅兴垸的乡村花园的修建、改建、没落，到最后被彻底铲除，揭示了当时西洋化建筑之风的兴起的深层次原因。诸如黄州城福音堂等类似建筑，在码头和沿江地区城市的逐步修建与推广，推动了鄂东地区建筑的西化。同时，很多地方依然保留下我们传统文化的影响，是西化背景下顽强保留下的文化"内核"。

第一节 一位乡绅的没落：傅兴垸私家花园的变迁

选择傅兴垸②作为鄂东建筑的研究起点原因主要有两点，其一是我对鄂东

---

① （加）卜正民、（加）若林正：《鸦片的政权：中国、英国和日本，1839—1952年》，黄山书社，2009，第75页。

② 傅兴垸村幼儿园墙面介绍词：傅兴垸村位于夫子河镇西南一公里处。自古以来以经商而兴旺，明末清初发展最为鼎盛，有数十位麻城巨富。生意远至四川、云南，此时的傅兴湾人口昌盛，商贾云集，市井繁华，有72条街巷，围村有城墙，分东、南、西、北四道城门。城外河塘环绕，风景秀美。"小小的麻城县，大大的傅兴湾"正是其繁华鼎盛的写照。抗日战争时期，傅兴湾因为遭受严重摧毁，只有"抱翠亭"花园和数十栋民居等古建筑意外幸存。"抱翠亭"为傅兴巨富傅承裕所建。占地60多亩，园内有豪华大庭，名回春书屋，左右有走廊，廊边是木制花栏，庭内有房与房之间的转楼相通，呈"U"字形，名为望月楼。西首为"翠花楼"，是大家闺秀的住所，东首是主人的会客厅。花草丛生。电影《黄麻起义》，电视剧《挺进中原》《县委书记》曾在这里拍摄。

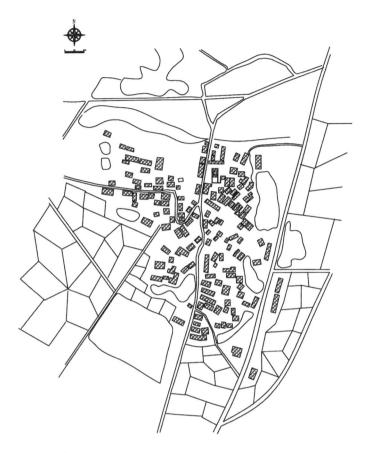

图 2-01 傅兴垸总平面图

进行建筑的田野调查先后有10年的时间，其间走访了大别山地区上百个村子，2016年，第一次看到傅兴垸的村子里还保留有园林建筑这样带有文人气息的建筑，乡村里还有这样文人气息的空间，一下被震惊了。主要是鄂东的园林建筑绝少，私家花园更是少，最为有名的就是黄州的赤壁公园，鄂东地区重要的风景名胜，从苏轼到了黄州以后，历来为名人雅士朝圣之地，是绘画赤壁泛舟的范式题材。2019年4月，我又看到在傅兴垸东部50公里的木子店镇深沟村的李裕炳故居后花园，那里其实已经没有园林的影子，是在听邻居介绍建筑的时候，无意之中得知所在是后花园，仅仅还残留几棵树，其中有梅花、石榴和棕榈等，但环境最好，旁边有一条小河，河水清澈，上有天然原石，后山松树林植被茂密，水边一条小路通往山中，是绝佳园林之处。傅兴垸不一样，处在平原地带，有市井花园之概，建筑有围墙阻隔了市井之声，园子里植有据说300年树龄的桂花树，还有10个老花盆。虽然有点残破，但这是当地唯一保留下老花盆和古树的园林，还保留了搁置花盆的石案，有香几造型石条各2个，长方形石条花台2个、六边形石条花台2个，以及八边收口石条造型的花台1个。

入选第四批中国传统村落的傅兴垸（图2-01），在建设改造的过程之中存在问题。我之所以能发现这样一个村子，主要是他们村子在自行组织传统村落的施工中工程停滞，原因是把大量的资金用在新建筑的美化和部分公共设施的修建。古建筑不好下手，后来辗转几次，找到了我们，但此时大部分的工程已经完工，我们预估没有多少事情，就没有接单，这也是我十分后悔的事情。2019年5月，我看到傅兴垸的最新的花园图片，彻底绝望了，花园被修缮成一片平地，本来很好的后花园，只剩下桂花树，其他的一切设施都不见了，完好的鄂东花园，被彻底破坏。这也给我以后的工作提了个醒，一定要认真对待每一栋小建筑，要不追悔莫及。

理解和认识傅兴垸私家园林，不仅要了解傅兴垸的现状，还要了解傅兴垸在行政上的基本性质及其变化。在古村落研究领域内，村落环境与变迁问题是一个重要的课题。对傅兴垸私家园林变迁的理论探讨，将有助于在鄂东园林修建时，对园林的相地、户主、建筑和植物，以及其他各类园林设计的研究与了解，最终反映鄂东之民的精神生活层面的关怀。

明代造园家计成《园冶》提出"三匠七主"，大概是说，园子最终的外观三分取决于匠人，七分取决于主人。个人认为，主人的品性和人格是可以通过私家园林来展现的。私家花园是建筑附属的园林空间，是建筑主人对自己生活品质的一种更高的追求，是园林形式普遍的一种。通过对傅兴垸挹翠亭花园的考察研究，可以总结出园子主人身份地位的兴衰及当时背景下傅兴垸的变迁更替过程。

傅兴垸古建筑多是商人的宅邸，似乎文人气息不是很浓厚。前面提到挹翠亭盆景式花园之中，留有10个棕色釉面的老式陶盆，其中一个陶盆，绘有"萝卜白菜""香炉"和中间的"碧山人来，明月作画"等图画，这种构图和画法，是典型的清末国画的画法，"写意是中国艺术的重要表现手段，中国人的美感因地理环境、民族、时代、观念、心理活动诸因素影响而具有独特性，中国人在审美活动中对于美的主观反映、感受、欣赏和评价与西方往往大相径庭，集中体现在中国重个人精神表现与西方重客体再现的艺术感。"①如"明月"和"松涧"正是文人毕生追求的"隐"与"乐"。"香炉"是礼仪的象征，以礼器作为绘画题材，表达对礼仪的承受和尊崇。

傅兴垸变迁研究

傅兴垸村在麻城市夫子河镇南2.5公里处，距离麻城市大约35公里，40分钟的车程，106国道旁，交通便利。傅兴垸包括周边平原地带是鄂东黄孝帮商人的发祥地，黄孝帮在历史上，虽然不能和江南的一些商帮相比，就整个湖北来看，雄厚的商业基础，造就了这里是整个湖北人文繁盛之地。"宋埠历来是藏龙卧虎、俊彩星驰之地，早在明清仅拜郊一乡就有举人、进士、翰林、贡生、廪生、秀才29人。屈子厚清光绪五年考入县庠，甲午中日战争爆发后，屈召集青壮年成立'救国会'。清光绪十五年入两湖书院与同学组织'质学会'，兴汉排满、伸张民权。清光绪二十六年创立'自立会'，建立自卫军。清宣统三年（1911）当选为县议长，先后在县城和宋埠创办学堂。周龙骧清光绪三十二年，在两湖总师范支郡师范任教期间，经常宣传民主思想，任湖北都督秘书兼

① 居阅时：《中国建筑与园林文化》，上海人民出版社，2014，第230页。

人事股长时，实管全省人事，军书繁杂，批答如流。"①这段记载，从一个侧面反映了傅兴垸也是人文荟萃的地方。

关于傅兴垸名字的由来，族谱《村图记》中记载道："村以傅兴名者，吾始祖（德兴公）肇基于此地，以人传也。"明洪武二年（1369），在江西填湖广的移民潮流中，江西吉安人傅德兴与全家来到这个地方，垦荒造庐，是傅兴垸建设者。

清同治三年（1864）之前，傅兴垸整个村落格局与今大相径庭。依照家谱描述："统言之，则曰傅兴也；分言之，则各有其名也。"村子的东北部"上垸"，取名"河头"，清祖（第二代）的子孙后代聚集在这里。再往东半里地，有一个朝天寺，供奉神灵。村子的东南部"下垸"取名"墩上"，应该是修建池塘所成，琼祖（第二代）的子孙后代聚集在这个地方。两处都是依据用地特点来取名，体现典型农耕文化的特点。南部有阖族公祠和清祖九世私祠，妥善供奉祖灵。西部名"新屋畈"，清祖的后代象绅公搬到了这个地方。中间自南向北，有很多商铺供商人买卖做生意，至今乡人市易，咸赖之也。德兴公的长子傅道清就是"清祖"、德兴公的次子傅道琼就是"琼祖"。现在的麻城傅氏也多为"清""琼"二位祖先的子孙后代。②

傅兴垸建设开始于明初，经过快七百年的建设和发展，在晚清和民国初年，傅兴垸已经成为大村落，由于当地地势平坦肥沃，类似的大村庄在周边随处可见。宗谱记载那个时期的傅兴垸，有72条石板路和小巷，由于家族里的人大多经营油坊，舟车往来，一片繁华景象。和白果镇一样，东西南北有四座城门，村庄外围着一圈城墙。在城外，沙河的水围绕傅兴垸大半圈，天然保护着村庄。傅兴垸俨然一个大城堡。令人遗憾的是，这样一个傅兴垸城，后经太平

---

① 麻城市宋埠镇地方志编纂办公室编：《宋埠镇志（内部发行）》，黄冈日报印刷厂印刷，1989，第4页。
② 来源村中的宣传简介，主要转自家谱的资料。

天国运动和捻军起义过程中，被战火波及，风光不再，今天，我们只能从保留下来的古城墙、石桥、护垸河的零碎记忆中，去想象辉煌时期的傅兴垸的规模之大。

麻城南部和东北部的最大区别，就是南部河流众多，地势平坦，适合水稻的生长和稻作农业经营，所以经过明清的发展，这里逐渐形成人多田少的相对环境。为了生存，和历史上的徽商和晋商一样，当地农业富余人口沿长江和汉江从事商业活动，以武汉、黄州、孝感和宜昌为据点，走出了一批商人，这就形成了傅兴垸人一边务农一边经商的传统。根据村庄简介，傅兴垸人还走出家门投资创业，明末清初（1600—1644），大批傅兴垸人来到重庆秀山县经营"秀油"，他们在那里建了一百多家油坊，并在全国范围内销售桐油和清漆。在抗日战争期间（1931—1945），日军占领并控制了麻城县和汉麻公路沿线，这个时候的傅兴垸又成为了商品交易市场。

傅兴垸的民居建筑以天井院落为主，方便通风采光和照明，且有聚水纳财的文化寓意，傅兴垸的变迁体现在建筑的流变中。傅兴垸的砖石都散发出浓厚的文化气息。它们是我们解读历史和传承文化的最佳标本。这便是傅兴垸作为中国传统村落的价值所在。

村中外出经商的人里，比较有名的是富商傅承裕，他有一座自己的私家园林，坐落在河的北岸，临水而建，大家都称它为"绣楼"，原名为"挹翠"。人们尊称傅承裕为"裕公"，他是傅氏家族中商贾翘楚，最开始以卖布起家，后来经营重庆秀山的"秀油"而发达起来。傅承裕是清祖的十五世孙，当年，为了保护村庄不受洪水影响，他曾经主持并投入大量资金在傅兴垸的北部修筑"普益堤"、营造"傅兴堡"，在傅兴垸的南部修筑"傅兴官塘"，影响非常大。"商人财富的一宗最大的消费，是建造房屋、建设乡里，这是历来的传统。有不少村镇，商人资本的投入并不是专注于扩大再生产，而是用于宗族的公共事业修桥、铺路、建祠、立学。"①在建造挹翠亭的时候，裕公命令工匠每天砌砖墙三层，不可以多砌，以确保建筑质量，因此此亭（挹翠亭为2层青砖建筑）至今保存完好。

傅兴垸私家花园变迁研究

傅承裕的私家花园，名为"挹翠亭"（图2-02），原本规模大，占地六十多亩，现在建筑存有两栋，中间有个不大的天井，建筑为两层结构，叫"望月楼"，以砖木结构为主。前楼是花园之景，后楼是主人研墨看书之处。这座建筑采用单檐硬山灰瓦顶，凸显了当时的建筑水平，体现了士绅的休闲惬意和高层次的精神追求。

花园建筑里面设有"回春书屋"，左侧和右侧有走廊，走廊旁边是木栅栏，房子与花园内的房子之间有转楼相互连通，形状为"U"形。其西首有"翠花楼"，是大家闺秀的住所；其东首有"一度轩"，是主人与宾客会面的地方。整体来看这个建筑文化气息比较浓厚，但偏于"阴柔""孱弱"，类似《红楼梦》里"大观园"式的女性建筑空间，既是女性的教育与成长空间，也是给女性的保护空间，在封建社会背景下，是一方乐土。

绣楼前建有一个花园，花园围绕一棵老桂花树展开。老丹桂生机勃勃，占据大半个花园。花园里还有盆植的牡丹、桂花、兰花、黄杨、罗汉松等，严格来说是个盆景园（图2-03），不像江南私家园林。风吹进来，幽香弥漫，是家人闲暇的好去处。在这样的深宅大院之中，一个书房满足了女性的学习需求，一个后花园则是女性在学习之中接触社会，了解现实生活的一扇窗口。

同大多数古建筑存在的原因一样，在没有财力办学的条件下，对傅承裕的大宅进行改建，是最有效的办法。挹翠亭花园的保存，得益于解放后至今它作

---

① 赵之枫编著：《传统村镇聚落空间解析》，中国建筑工业出版社，2015，第17页。

图 2-02 傅兴垸修缮前风貌（上）
图 2-03 水花造型花盆（下）

为学校的存在。其实从清朝末年开始，挹翠亭就为傅氏家学所在，为整个家族培养人才。到了1940年，傅氏家族以"挹翠亭"为校舍，创办新学校，取名启智学校。后来改成傅兴保国民初级小学。1949年，它再次更名，先后为傅兴乡公立小学、傅兴人民公社高级小学、夫子河中学傅兴分部。直到1987年，该地撤区建镇，此处为夫子河镇教育组驻地。如今，则为傅兴村公立幼儿园。"当地掌握一定财富、有较高功名的精英，可以利用自己的财产去建立新式学校和新式商会，并且成功地把改革收益转化为制度现代化建设、与海外市场有关联的资本投资，包括汽轮公司、产品出口美国的肉食加工厂等各种各样的企业。"①傅氏家族的挹翠亭变为校舍开始，就预示着整个傅兴垸将迎来变革，而且是翻天覆地的大变革。

"在满族统治的最后100年里，像明朝末年一样，在应对实际社会问题的过程中，地方精英的影响逐步增长。地方精英影响的一个表现就是建立其明确的活动中心——地方社区。而在这些积极运动的背后，无论是在明末，还是在晚清，都可以察觉到部分帝国管理部门的失败，以及官僚政府在能力与动力两方面都逐渐丧失了信心。"②所以从社会学的角度看，挹翠亭变为校舍也不是那么单纯的举动，在社会大变革的年代，特别是清王朝逐渐走向衰败的关键时期，傅承裕敏锐地看出在乡村变革中，兴办学校是掌握傅兴垸政治话语权的重要手段。不光在当时，在其后的很长时间里，学校在人们心目中的话语地位和政治导向的功能，时刻存在。这与挹翠亭花园开始修建的目的也许一样，不仅是赏花看月之地，更多的还是在经济实力雄厚之后，房屋主人积极寻找政治身份的体现。"胡桂生，1832年的贡生，在汉口开办了一所面向富商子弟的学校，并作为正直绅士行为的模范而获得了广泛的尊

---

① （美）蒲乐安著，刘平、（美）裴宜理主编：《中国秘密社会研究文丛，骆驼王的故事：清末民变研究》，商务印书馆，2014年9月第1版，第37页。转：Lenore Barkan, "Patterns of Power:Forty of Elite Politics in a Chinese County", Chinese Local Elites and Patterns of Dominance, Berkeley:University of California Press, 1990, p. 204。
② （美）罗威廉：《汉口一：个中国城市的冲突和社区(1796–1895)》，鲁西奇、罗杜芳译，马钊、萧致治审校，中国人民大学出版社，2016年9月第1版，第12页。转自韩德玲(Joanna Handlin Smith)：《从戚继光、吕坤看社区的定义》，收入孔宝荣(Paul A. Cohen)、石约翰(John Schrecker)主编：《19世纪中国的改良》(马萨诸塞州，坎布里奇：1976)，18—25页；曼素恩(Susan Mann Jones)：《宁波地区的商业投资、商业化和社会变迁》，收入《19世纪中国的改良》，4—48页。

敬。"①同样，办学这样的公益事业，也给傅承裕带来社会的认可度。"比如在中国，长老会议在乡村实际上有着无上的权力，因而连道台都要与它合作，尽管它在法律上并无地位。"②傅承裕这样的乡绅在乡村便拥有类似的地位，办学似乎成为傅承裕在乡村立足的必要条件之一，成为谋取社会地位的途径。

最后，作为成功商人的傅承裕，其后花园当然要体现他对生活品质的追求和出世退隐的想法，"凡勃伦（Thorstein Vebien）称为'有闲阶级'——有文化渴望的富裕文人或商人的娱乐活动，至少自宋代以来就是中国经济的一个重要因素，但这种重要意义在某种程度上被脱离以文人追求花园和隐居生活之美为特征的世界的持久论调给掩盖了。"③在儒家文化的熏陶下，傅承裕从外在行为到内心世界均与正统儒生无差别。"经商大发后，黄氏遂腰缠十万贯归乡闲居，筑庭园，凿渠引流栽花植竹'日与二三老倘佯其间，或论文，或抚琴，旦夕无倦容'。怡然自得地过上了'隐士'日子，于贸迁逐利事全无眷

①（美）罗威廉：《汉口：一个中国城市的冲突和社区(1796-1895)》，鲁西奇、罗杜芳译，马钊、萧致治审校，中国人民大学出版社，2016，第65页。胡桂生的儿子，胡兆春，更是近于完美的典范。他是一个文学天才，在1825年获贡生(比他父亲还早7年)，1835年中举。胡兆春多次被委以知县，但为了协助其父亲打理在汉口的学校，他没有到任。作为抵抗太平天国运动的地方领导人，胡兆春引起胡林翼的注意(二人不是同族)，并且作为湖北巡抚的知交与幕僚参与行政事务，直至1860年胡林翼去世。此后，他一直是汉口政坛的元老，并出版了大量的诗和散文，大约有一千多篇流传下来。遵循他所提倡的"有用之学"，他在范围广泛的重建事务中起到了极为重要的推动作用。他在汉口的后代有很多人取得了更大的文学成就。胡家并不富有，但是胡家仍然通过担任全国闻名的叶家的家庭教师(见下页)，通过胡兆春建立起来的与湘军的关系，而最终是通过胡家的女儿与军机大臣荣禄家的联姻，与官方保持良好联系。参见胡兆春《胡氏遗书》(1915)；1876年《汉阳县识》卷十六，55页；卷二十，39—40页；1884年《汉阳县志》卷三(中)，20—22页。

②（德）马克斯·韦伯：《城市(非正当性支配)》，阎克文译，江苏凤凰教育出版社，2014，第20页。

③（加）卜正民、（加）若林正鸦：《鸦片的政权：中国、英国和日本，1839—1952年》，黄山书社，2009，第190页。转自《关于明代和清初花园的文化和经济意义》，见克雷格·克鲁纳斯(Craig Clunas)，《多果之地：明代中国的花园文化》(Fruitful Sites:Garden Culture in Ming Dynasty China)。

恋。"①傅承裕也是如此。在众多的鄂东文化遗产之中，傅兴垸私家花园不算名气大，但是它非常典型地代表了一类人在乡间有情调的生活。在繁杂纷乱的社会之中，户主傅承裕能寻求到一时的闲暇，但在历史的潮流之中，建筑的空间的属性却被不断更改。到2018年的时候，后花园还保留原来的基本面貌。此后，随着传统村落的修缮，围墙被拆，花园只保留古桂花树，原本的风貌被强行更改，花园彻底消失。据说这是领导的意思，是行政的力量强行干预，村里的傅书记对此也很郁闷。我们在和村里办事员的交谈中，得知她对修缮过程中的花园被拆、使用的油漆很黑很光、地面大面积使用现代马路常用的水泥透水砖，都极为不满意，用她的话叫"不算好"，说明村民还是有自己审美能力，但一个人左右不了最终结果。

傅承裕早已驾鹤西去，他当初的营造，真正动因是什么？他所维护的又是什么？在封建社会的大背景下，着眼维护基本的社会礼仪，归根结底还是保持基本的封建社会的道德规范，但是在盛世繁荣的背景下，也隐含着危机。建筑后来的修缮中，护栏的西化，建筑弧形入口和玻璃窗户的改变，都预示着西化之风已经到来。所以傅承裕毕生所维护和追求的秩序和规范，在自己的年代之中，已经被慢慢改变。社会的转变必然带来建筑的转变，个人在历史的大潮之中，是何等渺小和微不足道。

第二节
华先增与白永清夫妇的到来：由福音堂记黄州城西洋化建筑之风的嬗变

"19世纪四五十年代，中国历史上破天荒地发生了两件大事，这两件大

---

① 马敏：《官商之间：社会剧变中的近代绅商》，天津人民出版社，1995，第110—111页。转自《新安黄氏会通谱》，《黄处士仲荣公墓志铭》。引自《明清工商资料选编》，第438—439页。

事，打破了清王朝200年来的政治平衡，决定了此后中国百年历史的发展的主旋律。一件是西方列强全方位的侵略。在英国坚船利炮的叩门声中，中国开始沦为半殖民地半封建社会。另一件是太平天国运动的沉重打击。1851—1864年，洪秀全发动了中国历史上规模最大的一次农民造反运动。"[1]国内的历史学家，认为中国主权被侵犯是以鸦片战争为起点，《南京条约》的签订为标志，但也有不少专家认为是在第二次鸦片战争后到1870年上下，就是鸦片战争之后的25年。鸦片战争之后，清政府被迫开放通商口岸，从沿海到内地，西方文化逐渐渗透进来。外国传教士虽然在元代就已经进入中国，鸦片战争之前，在湖北，各教会也大致有了各自的传教区域，但只有到了第二次鸦片战争之后，传教士进入中国的条件比起1840年之前才有了大大改善，所以更多的外国传教士纷纷涌入中国，其中包括来自瑞典的传教士华先增与白永清夫妇。他们来到黄州城传教修建了福音堂，俗称"八角楼"，后来又建立福利院收养孤儿，办起了鄂东的西医医院。

福音堂（图2-04）是典型的欧式建筑，古典主义的教堂风格。教堂建筑是西方建筑文化的内核，西方文化价值体系的重要组成部分。各列强在进行殖民扩张的过程之中，注重输出信仰。我们看到，海上贸易的线路，往往是基督教传播的重要线路。就我们国家来看，历史上的沿海地区和长江水道，以及南北的陆地交通要道，都是基督教传播的重要地方。还有边陲地区，因为是中央政府管理薄弱的地区，也给传教士的活动留下了一定的空隙。教堂建筑本身就带有神性特点。黄州城的福音堂作为当地西洋式建筑的开端，是黄州古城中西建筑文化相碰撞的成果，也是黄州城建筑近代化的标志之一，研究鄂东地区建筑的西洋化当以福音堂作为重要研究对象。

福音堂是整个黄州地区的建筑风格的有机组成部分，丰富了黄州古城的文

---

① 马平安：《晚清非典型政治研究：帝国的经验和教训》，华文出版社，2014，第30—31页。

图 2-04　福音堂外观

化内涵。分析此类建筑的风格并总结出规律对于黄州城的西洋建筑的保护有一定的益处。国外部分学者从文化本位主义出发，强调西方建筑文化传入中国所带来的积极作用，同时他们也提出要将中国的建筑风格融入西方的建筑，使其接受度大大提高的观点，这种观点有可借鉴之处吗？

福音堂建筑的时代背景

　　天主教传入湖北最早可追溯到1587年，意大利耶稣会会士罗明坚堪称湖北开教第一人。明末清初，又有多名外籍传教士到湖北传教。1661年，法国耶稣会会士穆迪我（Jaques Motel）在许曾及其母甘第大的帮助下，在武昌、荆州、襄阳、公安、荆门、宜昌等地传教，受洗者五六百人，建立几座教堂，奠定了天主教在湖北传播的基础。1856年，意大利籍方济各会会士徐类思率领在香港就读的30余名湖北籍修生来到湖北，在应城县杨家河王家榨设立主教公署及大院。1870年9月11日，湖北代牧区一分为三，即湖北东境代牧区、湖北西北境代牧区、湖北西南境代牧区。湖北东境代牧区辖武昌、汉阳、黄州、德安、安陆5府，主教府设在武昌，有教友9900人。[①]传教士威尔生和杨格非在汉口、武昌开辟新的传教据点。随后50年间，基督教广收教徒，发展教会势力，足迹遍布湖北的通都大邑和穷乡僻壤。[②]"布道站是传教团体购买或租用的房屋，周围筑有围墙，并受治外法权的保护，保持着传教活动的典型特点。在这块封闭的场地内，通常悬挂一面教会所属国的国旗，既是传教士的驻地，又是教堂、学校教室、医院或药房。典型的布道站位于城市的市区，临街的教堂每天定时开放，宣讲福音，由一名外国传教士及其中国助手主持。"[③]随着基督教的教徒数量增加，传教士的足迹踏遍了整个湖北省。

"在1860年的《中法天津条约》中，外国人取得'在所有的租地和置土地'的权利，遂据此在远离条约港口的地方建立布道站。"[④]"1876年中英《烟台条约》规定，清政府有保障外国人到内地旅行安全的义务。"[⑤]允许通商和传教活动，外国的军舰和商船自由在长江通行，外籍人员遂可以自由地进入黄州城，西方文化给黄州平静传统的生活习惯慢慢带来影响，从服饰装束、各式礼仪、交通工具、生产工具到城市布局、建筑特色都产生影响。西方的工业社会文化使黄州原本根深蒂固的传统思想产生了巨大的改变。光绪十八年，瑞典传教士梅葆善和乐传道前往麻城宋埠，被当地民众击毙，引发了外交

---

① 刘志庆：《中国天主教教区沿革史》，中国社会科学出版社，2017，第252页。
② 祝东江，陈梅，张希萌：《西方传教士在湖北地区的活动及影响研究》，《郧阳师范高等专科学校学报》，2016年10月第36卷第5期，第4—5页。
③ （美）费正清编：《剑桥中华民国史1912—1949年，上卷》，中国社会科学出版社，1994，第166页。
④ （美）费正清编：《剑桥中华民国史1912—1949年，上卷》，中国社会科学出版社，1994，第159页。
⑤ 尹建平：《瑞典传教士在中国（1847—1949）》，《世界历史》，2000年第5期，第98页。

冲突，其后清政府只好准许瑞典传教士可以在宋埠自由购买房产，也允许其在当地设立教堂。根据美国汉学家罗威廉在《红雨》中的记载，宋埠当时生产蛋粉，美国、英国和日本等商人纷至沓来，使得宋埠成为鄂东商业第一镇，有400家企业，传教士把宋埠看成大别山山区传教的桥头堡。光绪二十四年，麻城民众响应当时四川发生的反洋教起义，驱逐传教士们，还放火烧了他们的教堂。光绪二十九年，黄州城的天主教与基督教之间因为租税发生了冲突。光绪三十年，黄冈元宵灯会，当地天主教组织不参与也不出资，和民众们发生了冲突。在19世纪90年代和20世纪初这段时间，当地发生了数十起类似的事件。

华先增与白永清夫妇的传教之旅

"瑞典的传教士来华传教始于1847年，于19世纪80年代以后形成了一股较大规模的，有组织的派遣传教士来华的热潮。有以下三个方面的原因促使这一热潮的形成。第一，西方基督教传教士大量涌入中国，促使瑞典教会决心参与来华扩展自己教会的阵地。第二，瑞典自由教会运动的成功，为传教士来华传教奠定了组织基础。19世纪初期瑞典的政治处于自由主义和保守主义的相互影响中，自由派和保守派之间展开了一场大规模的思想斗争。第三，瑞典工业化的胜利为教会开拓海外传教区提供了经济支持。"[1]大量的外国传教士来到中国，让瑞典的教会意识到自己也应当参与其中，随着来华传教难度降低，瑞典国内开始鼓励传教士来华。中国"内地会"的创始人英国人哈德逊·泰勒也到瑞典国内游说青年人传教。[2]瑞典传教士来华的原因有二。首先，瑞典自由教会运动是传教士成功来中国传教的原因之一。在整个欧洲宗教复兴的情况下，瑞典新教充满了后劲，教会在国内蓬勃发展，建立并积极发展教区，甚至远赴海外建立教区。其次，经济基础决定上层建筑，瑞典拥有富饶的自然资源，一

---

[1] 尹建平：《瑞典传教士在中国(1847—1949)》，《世界历史》，2000年第5期，第96-97页。
[2] 阿克赛尔、王保生：《同州传教50周年》，上海竞新出版社，1940，正文第9页。

直奉行中立政策，很少受到战火的侵扰，工业化取得了成功，综合国力的提高使瑞典可以发展海外的传教事业。

瑞典在中国的传教可以分为探索期（1847—1888）和开拓期、发展期（1888—1949），所谓探索期期间到达中国的传教士人数不多，主要来中国的香港和两广进行传教。第二阶段期间，传教士的数量显著增加。瑞典行道会（Svenska Missionskyrkan）创立于1890年，由爱德华尔德路德创立。他的传教区在湖北、新疆两地。得益于太平天国期间主政湖北的的胡林翼和后来的湖广总督张之洞的政策，瑞典行道会将传教区逐渐发展到环汉口、武昌、沙市、荆州、监利、蕲水和黄州等7个城市及相邻农村。

华先增与白永清夫妇，在传教期间除建设了福音堂作为孤儿院外，还办了新民小学，和原鄂东医疗院这样的医疗机构，逐渐取得了当地民众的好感，成为引导鄂东地区现代化的先锋。

福音堂建筑的特点

黄州是一个沿江城市，历史上是重要的驿站，相对于偏僻的城市，得益于长江交通的发达，其近代化受到一定外来文化的影响，福音堂正是这样中西方文化碰撞的结果。

福音堂毗邻原西城门的月波楼，由于地势高而且空旷，建筑风格别致，颜色突出，是黄州城内比较引人注目的建筑。整座建筑是砖木混合结构，有着典型的北欧建筑的大坡度的屋顶。它的屋顶层运用了大跨度的行架结构，依照开间的大小，落于两边的墙柱上，这样的结构在后来的工厂、学校和住宅里都被普遍运用，屋顶上覆盖了深红色的砖瓦。福音堂设计成三层，一层为地下层，这样的设计增大了建筑的巍峨感，满足教堂室内空间的需要，也解决了储藏室的问题。建筑南面外设一个石头楼梯，通过台阶进入福音堂正层，是个标准的传教大厅，二层是个外廊式的结构，我们可以看到来自古罗马廊式结构建筑的

图 2-05 教堂室内

身影，特别是巴西利卡的建筑样式（2-05），外墙用砖石垒砌而成，结构牢固而敦实，但是通过廊窗的飞券，增加了建筑的轻盈感。房子的内部采用木制楼梯，同屋顶一样，采用杉木建造而成。三层是阁楼，通过三楼可以远眺，福音堂修建之初附近都是空旷之地，当时从三楼窗户应该能看到远处的长江。这种屋顶上的老虎窗是欧式建筑的典型，由于条件有限，这么一排的老虎窗没有运用传统玫瑰窗的造法。大概是这些建筑材料运来确实不易，也许是经费不足，所以在建筑的修建的过程中，立足当地的传统，和我们国家的传统建筑的修建方法一样，尽量采用当地的材料。福音堂所体现的建造智慧就是从外表看是教堂建筑，内部有举行仪式的空间。而材料和建造的方法上，受到鄂东建筑的影响，有相当多的本地建筑元素。比如采用当时鄂东地区墙面建造的处理方法，下面2米高的石条，上面才是青砖；还有屋顶的木材用"河杉"，这是当地大户人家建筑通用木材，主要是来自江西、湖南南部和四川。和现在鄂东建筑的"小洋楼"建筑一样，福音堂建筑的建造手法不一定正宗，但重在精神内核。

黄州城的福音堂正因为在建筑风格上是欧式建筑与中国传统建筑的结合，

图 2-06　团风县马曹庙方家城墙方本仁故居

这和黄州的建筑开始转变前期的社会情况基本吻合，所以它在空间上是比古代建筑与当代建筑更为相近，更实用，更可接受。大的社会环境的变化在汉口表现得更为明显，"1911年，在经过15年快速而曲折的工业化之后，一位当地报道者指出，汉口的主要街道两旁几乎全部被清一色的新建的现代商业企业的办公楼占据着，而且，最近城市中心的地价抬升现象使这一地区的很多老字号店铺不得不停业，不少老字号迁到了对岸的汉阳。由此，我们可以想见社会变革的严重性。"[①]作为湖北的中心城市，汉口在15年内实现了完美转变，在汉口的沿江一带，建起了湖北省最大一片的西式建筑，带动了周边建筑的转变。

福音堂也是黄州城的标杆，虽然没有上游汉口西式建筑群规模那么庞大，达到4英里的长度，但由于规划全面，从而引起后来整个黄州地区西洋风的嬗变。典型的例子有团风县的方本仁庄园（图2-06），修建于民国时期，坐落于马曹庙镇戴家湾村，被人称为"方家城墙"，外围有一圈青砖围墙，主体建筑

---

① （美）罗威廉：《汉口：一个中国城市的冲突和社区（1796-1895）》鲁西奇、罗杜芳 译，马钊、萧致治审校，中国人民大学出版社，2016，第87页。参见《汉口小志·商业志》，第13页。

和大门是呈典型的西洋风，屋顶有巴洛克建筑的一点元素，大门三个连续的拱圈，透出典型的古典主义风格。但整体还是没有逃脱本地传统民居的影响，包括周边的城墙、池塘和小桥等建筑元素，有典型的私家园林的建筑风貌，还有典型的鄂东天井院落，建筑的用材、颜色、选址等都有我们自身文化的内核，这样的形式，正是福音堂的建筑翻版。类似福音堂建筑的不断出现，一方面导致了鄂东乡村建筑的不断欧化，另一方面，我们本土建筑文化的韧劲很足，方本仁宅仍然保留了"城墙"，很说明问题。方本仁是孙中山手下重要成员，这样的欧式建筑与其领风气之先的革命者身份的颇为相符。

在麻城市的最偏远地区，和安徽交界的木子店镇，有湖北著名人士夏斗寅的故居（图2-07）。根据当地人介绍，夏斗寅在武汉任湖北省主席的时候，委派亲戚修建老宅，后来回来一看，觉得不是自己想要的房子造型，从此就再没有回来过。我们看到建筑分成三户，每一户有三开间，总共9间2层，规模比较庞大。其中的窗户明显能看出欧式的弧圈造型，在如此偏僻的地方，这样重要的人物的老宅，具有明显的欧化偏向预示着当时建筑造型变化的到来。

1949年之后，苏联风格的建筑在黄州城遍地开花。位于湖北省黄冈市黄州区胜利街的实验小学，最里面的一栋教学楼，俗称木楼的教室，整体就呈苏联

图 2-07 麻城市木子店镇夏斗寅故居

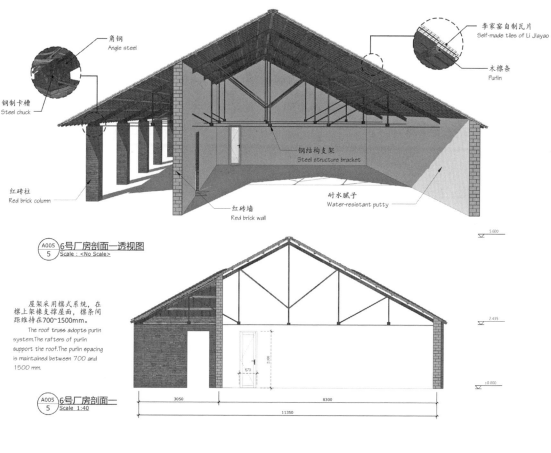

角钢
Angle steel

李家窑自制瓦片
Self-made tiles of Li Jiayao

木檩条
Purlin

钢制卡槽
Steel chuck

钢结构支架
Steel structure bracket

红砖柱
Red brick column

红砖墙
Red brick wall

耐水腻子
Water-resistant putty

A005 ⑤ 6号厂房剖面—透视图
Scale：<No Scale>

屋架采用檩式系统，在檩上架橡支撑屋面，檩条间距维持在700~1500mm。
The roof truss adopts purlin system.The rafters of purlin support the roof.The purlin spacing is maintained between 700 and 1500 mm.

A005 ⑤ 6号厂房剖面—
Scale 1:40

5.600

2.435

±0.000

3050   8300
11350

670   2100

图 2-08 蕲春县官窑镇李家窑厂房结构图
图 2-09 蕲春县官窑镇李家窑厂龙窑结构图

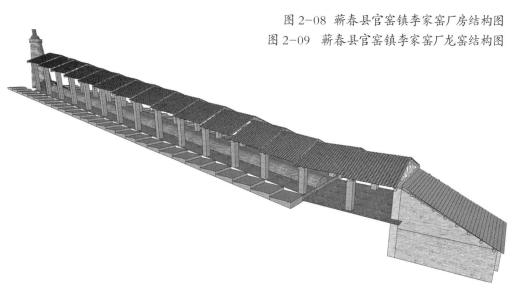

风格，是典型的筒子楼。之后的各类厂房（图2-08和图2-09）、民居建筑，以红砖为标志的苏式建筑在黄州城遍地开花，到现在黄州的老城区还保留下类似建筑100多处。隔壁的风景名胜赤壁公园，曾经出现了民国特色的红砖建筑，就运用了类似教堂的圆形拱圈的造型。但整个建筑在上世纪赤壁公园进行对外开放时，改成中式建筑风格，就是现在碑刻陈列馆。改革开放至今，整个黄州城，西式建筑层出不穷，罗马柱式代表西式建筑之风也愈演愈烈。但论及黄州建筑的欧化，福音堂无疑是重要开端。

"过去有私营土窑10处，生产小瓦和青砖。1958年，区开办砖瓦陶器社生产少量红砖。当时有职工19人，厂房面积仅400平方米。"[1]细读这段看似简单的记录，不难发现，1949年后，因为红色在很长一段时间成为社会推崇的最主要颜色，红砖登上乡村建筑（图2-10）历史的舞台。1958年，鄂东地区就已经开始了这种变化。

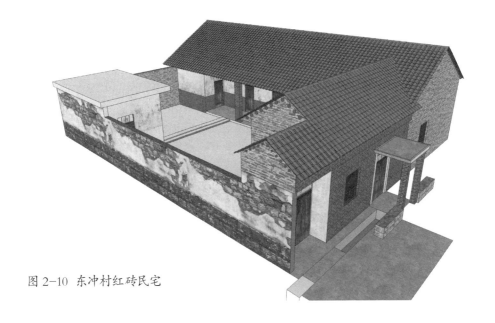

图2-10 东冲村红砖民宅

<hr>

① 铁门岗区志办公室:《铁门岗区志》，黄冈县新华印刷厂印刷，1987，第55页。

第三节 小结

罗帅在《中古时期流寓我国南方的粟特人及其遗迹》中记载：

舒元舆于长庆年间（821-824）所撰《鄂州永兴县重岩寺碑铭并序》，记鄂州（今湖北武汉）诸宗教情况时说："故十族之乡，百年之间，必有浮图为其粉黛，国朝沿近古而有加焉。亦容杂夷而来者，有摩尼焉，大秦焉，祆神焉，合天下三夷寺，不足当吾释寺一小邑之数也。"

鄂州与黄州为长江上彼此相近的两地，宗教情势当与舒元舆所言相同。鄂东地区，楚文化比较豪迈，加上沿江地区码头林立，接受外来文化没有特别的阻隔，历史上就是一个容易接受外来文化的地区，在接受外来文化的同时，又能融合自己的固有文化，宗教方面是这样，其他方面也是如此。鄂东地区的建筑，在150年的变化之中，先后有欧洲各国的文化登陆，苏式建筑文化的影响，到改革开放后又受到沿海地区的建筑影响，外观逐渐欧化，特别是沿江的开放口岸，最先开始受到影响，其中又以教堂建筑为代表。所以本章先讲述鄂东民居建筑的衰败，我们没有直接讲建筑，而是以建筑里的高层次空间，如鄂东的园林变迁为研究对象，说明鄂东建筑的现代化进程是在西力的冲击、社会的变迁以及历史的变更等因素下出现的。

从傅兴垸富商傅承裕的私家花园抱翠亭的变迁，看出从修建之时，就早已注定被改变的命运，这是大时代背景下小人物的挣扎。在历史潮流之中，他已经在慢慢接受西化的现实，以傅承裕为代表的社会精英引导了社会走向。他们是个矛盾体，既秉承了传统的文化，这是刻在他们这一代人血脉和记忆中的基因，又接受了社会转变的事实。黄州城教堂的修建，被看作是里程碑式的转折点，从教堂到学校，以及后来保育院和医院的开设，这些建筑给黄州城的新奇感，对黄州人内心的冲击是巨大的。其根本还是资本主义的价值观对鄂东传统社会的冲击，改变了原本有序流传了千年的本土文化，从而颠覆了鄂东传统建筑发展的原本体系。

下篇

生土建筑中的微观世界

梳理完鄂东民居建筑的发展概况，回到当下建筑环境之时，思绪万千，有点不认识，也不明白建筑中今天和昨天的关系。鄂东大别山地区的先民们遗留下来的建筑，在当下似乎不合时宜，但其建造技术的高明，令今人难以望其项背的建筑功能和美观特点，迫使我们不得不回过头，再次对保留下来的古建筑进行仔细梳理。鄂东传统建筑从空间组合上的自由，到注重人的情感融入，强化的是几千年的文化传承，修建的是经验的延续。当下建筑是西化的外壳，堂屋保留有关于祖先的记忆，房屋的格局和天人合一的神性却已不存，只是外观的视觉效果呈现。所以下篇主要研究鄂东建筑如何满足先民生活、生产和精神需求，他们在生土的世界里，如何建造出地域文化独特的、语言和视觉都很强大的本地特色建筑。

专注鄂东民居建筑的"微观世界"，摆脱当下建筑只注重"势"，不注意"实"与"雅"的不足，理解修建的诱因，才能做出正确的判断。随着研究的深入，从不同的角度，鄂东民居建筑提供给了我们很多的理念，让我们形成对鄂东古民居的概念。下面引用巫鸿《礼仪中的美术》转述艾伦·迪萨纳亚克的《艺术的目的》的一段话，在鄂东建筑艺术范畴中，大屋和小院都一样经典，只要实现建筑的吸引力的增大，都可以是最优美的艺术品，所以我们这一篇幅多关注鄂东民居建筑的细节，去理解当地人民在生活之中是如何不惜时间和精力，对它进行精美打造的。

艾伦·迪萨纳亚克（Ellen Dissanayake）在其新作《艺术的目的》（What is Art for?）中，强调艺术创造力的一个重要因素是对"特殊物品"的欲望。她写道，从民族学角度来看，如同制造特殊物品一样，艺术可以包含广博的内容，产生最伟大到最平庸的结果。但仅仅是制作本身既不是创造特殊物也不是创造艺术。一个片状石器只不过是一个片状石器，除非是利用某些手段使它变得特殊。这或许是投入比正常需要更多的加工时间，或许是把石料中隐藏的生物化石磨出来，以增加物品的吸引力。一个纯粹功能性的碗或许在我们的眼中并不难看，但由于它没有被特殊化，因此并不是艺术产物。一旦这只碗被刻槽，彩绘或经其他非实用目的的处理，其制造者便开始展示出一种艺术行为。[1]

我这里所提出的生土建筑和一般意义上的生土建筑有所不同，主要是因为源于鄂东大别山地区的建筑类别很难划分，生土建筑和熟土建筑的最大区别就是看是否经火焙烧，简单的理解就是土砖（夯土建造少）与青砖的区别，但是这局限于建筑材料的层面，还不能全面代表建筑类型的不同。其实在鄂东大别山地区的民居建筑之中，绝

[1] （美）巫鸿：《礼仪中的美术：巫鸿中国古代美术史文编》，郑岩，王睿编，郑岩等译，生活·读书·新知 三联书店，2016，第536页。

大多数的建筑是全生土建筑或半生土建筑，其中半生土建筑，一般是建筑的正立面或外墙是青砖墙，只有红安县的八里镇陡山村和永佳河镇峰山村，还保留四面砖墙的民宅，其余地方的墙体是土砖墙。所以，当地有个说法"只有庙才用四檐青"，我个人分析应该还是和主家的财力有密切关系。我们见到很多的建筑，从风貌看绝大多数是半生土建筑，即便是享堂这样在村落中具有重要地位的建筑，均采用这样的方式修建，因此，我们在后面讨论的建筑都属于生土建筑或半生土建筑。

第三章

方圆平直：精神内涵

建筑是人类社会文明的标志。"随着文明的发展，人无论生死，栖居场所都发生了改变。圣人率领大家离开了洞穴林莽，筑造宫室。"①研究表明，在满足生活需要的同时，建筑的社会标准、礼仪标准和建设技术标准，都被人类社会慢慢发展起来，建筑用于祭祀的需要是建筑发展的重要动力，逐渐变得神圣化，建筑的美感被加强，通神的目的是带动建筑不断前进的步伐。"《礼记·曲礼下》所述：'君子将营宫室，宗庙为先，厩库为次，居室为后。'……又载'凡家造，祭器为先，牺赋为次，养器为后'"②可见中国古代建筑的礼制规范中，祖先崇拜有着多么重要的地位，它甚至是压倒一切的。"雍人拭羊，宗人视之，宰夫北面于碑南，东上。雍人举羊，升屋自中，中屋南面，刲羊，血流于前，乃降。门、夹室皆用鸡。先门而后夹室。其衈皆于屋下。割鸡，门当门，夹室中室。有司皆乡室而立，门则有司当门北面。既事，宗人告事毕，乃皆退。反命于君曰：衈某庙事毕。"③在祭祀的过程中，建筑是行动的载体。从祭祀的过程来看，建筑的空间组合也是为了达到祭祀的目的，进行自由的分开和变化，在祭祀的序列下营造空间。

---

① （英）胡司德著，蓝旭译：《古代中国的动物与灵异》，江苏人民出版社，2016，第120页。

② （美）巫鸿：《礼仪中的美术：巫鸿中国古代美术史文编》，郑岩，王睿编，郑岩等译，生活·读书·新知 三联书店，2016，第550—551页。

③ （英）胡司德著，蓝旭译，：《古代中国的动物与灵异》，江苏人民出版社，2016，第97页。转自《礼记注疏》卷四十三《杂记下》，第13a—b页。类似描写又见《大戴礼记》卷十《诸侯衈庙》，第10a—b页。

铜镜作为祭祀重要器物，本身被赋予了辟邪护佑的功能，装饰图案完美呈现天圆地方的理论。"规矩纹镜已是学者们深入考察的主题，被广泛地视为中国宇宙的陈规性图式。它中央放入方块代表地，外围的圆圈代表天。方块的四边和四神（北方玄武、东方青龙、南方朱雀和西方白虎）所代表的四方相应。这四界也扩展到天界，表示四宫和星宿。"[1]作为祭祀文化活动重要场所的这类建筑物是重要的媒介，扮演的角色特别重要，因此，对方位的确定与理解是首先要解决的问题。建筑里的玉器、青铜器、陶器和家具等[2]，都是举行祭祀活动时的重要礼器。这类器物具有权杖的功能，加上图腾，是整个氏族的精神寄托，拥有权威特点。巫师在这里扮演了与神交流的重要角色，我们的民间宗教和信仰，是随着祭祀文化的升华而发展出来的，在祭祀中人（巫师）、建筑和器物都拥有了通天的能力，把精神和权力汇集到一体，这也是古人认识宇宙，建立人间秩序的重要理念。

"《逸周书·度邑》中记载了周武王'定天宝，依天室'的建都原则。天宝，即天之中枢北极星，借指国都。依天室，即依天上宫室模式建都。这是关于以象天之法建都的较早记载。"[3]我们的建筑物象理论，来源于古人对宇宙的认识，以及他们了解了生存的环境、气候和物种的变化后，总结出的空间、时间理念。其中的天圆地方的建筑物象理论，在祭祀文化的活动之中，被不断总结和丰富。从建筑角度看，在城市的营建、规划，包括村落的修建、家具摆放和室内陈设等方面，都反映了一定的方圆理论。

---

① （美）巫鸿：《黄泉下的美术——宏观中国古代墓葬》，生活·读书·新知三联书店，2016，第163页。转：原文注：关于或以星宿形式或以四神象征形式出现的四宫的讨论和汉代的图像，参见陈江风《南阳天文画像石考析》（北京：文物出版社，1987），141—154页。
② 殷墟博物馆的展览内容，能比较清晰理顺关系，在进行祭祀活动时，建筑物本身是祭祀的物品之一，乙七遗址下的瓮棺内是小孩的遗骸，加之其他人、牛、羊、狗达到三十多处，用来奠基与祭祀天神而用，之后才陆陆续续打地基建设。在博物馆里，也珍藏着甲骨、青铜器、玉器、陶器和车马等，目的一样，是沟通人与天的工具，通灵的礼器。
③ 吴庆洲：《象天法地意匠与中国古都规划》，《华中建筑》，1996年第2期，第33页。

第一节 物象：方位的选择

方圆理论是我国古人的宇宙观，也是完备的空间秩序观念。"定方向在古代是一个很重要的事情，不仅关系天象历法，而且关系建筑城邑。"[1]建筑物作为祭祀的场所，可能和玉琮一样，贯通人与天、巫与神，"玉琮在古代这是一件十分重要的礼器，根据一些学者特别是张光直的研究，认为'琮是天地贯通的象征，也便是贯通天地的一项手段或法器'，因为它的形制象征了天与地"。[2]而同玉琮一起完成巫文化活动的祭祀空间，同玉琮一样也是神圣的，是神主宰的空间，是天、地、人的宇宙观念的活动之地。"中国史学工作者也把龙山文化、大汶口文化出土的有关器物，如玉琮、獐牙钩形器等作为巫师的法具来解释。"[3]器物是进行巫术活动的产物，器物本身是单纯的，但在祭祀的过程里，成为复杂的系统，建筑在这里和器物没有本质的区别，都是通神的媒介。

铜镜（图3-01）反映了是人类社会的进步，也是精神追求的结果。"当人类不需要为基本的生存问题担心时，就会思考生存的意义，这个时候也就是最早城市诞生的时候。人类对于精神的本质和需要的思考，使得自身对于人际交往和空间有着不同于过去的要求，人类很自然地联想到自身在宇宙中是何位置，而人们对宇宙的观念就是组建城市的基本观点，即宇宙观是城市建筑的模型。由于最早的宇宙观是建立在易于观察的现象基础上的。因此全世界最初的城市都相当类似，在所有早期文明中，另一点也是相同的，即宇宙秩序是来自人类社会的秩序。"[4]上述观点说明了城市的出现是人类精神需要的产物，当然前提是具备了一定的政治和物质条件。所以在中国的北方地区、新月沃地和

① 葛兆光：《中国思想史（第一卷）》，复旦大学出版社，2017，第22页。
② 葛兆光：《中国思想史（第一卷）》，复旦大学出版社，2017，第16页。
③ 宋兆麟：《巫与巫术》，四川民族出版社，1989，第2—3页。
④ （南斯拉夫）易婉娜·普里察：《中西古代城市文化比较研究》，《东南文化》，1990年1期，第21-22页。

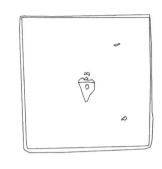

图 3-01　山字纹圆形铜镜与素面方形铜镜

北美印第安人早期文明的发祥地，都是在解决了粮食供给问题，满足温饱后才逐渐产生城市的，是物质条件达到一定程度，精神需要随之变高的结果。特别是三地对野生水稻、小麦和玉米的驯化，使种植可以带来比采集和狩猎稳定的收成，为建筑向精神层次发展提供了重要保障。礼制建筑，具有明确的管理社会的教化功能，"灵台、明堂的政治教化功能，首先在通天、通神，次在行政、教化；通天、通神也是为了行政教化。所以，我们可以看到，古代所谓明堂，就是古人观天、通天、通神的场所，其形制就是象天法地，应该是古人的宇宙模型。古人对明堂这么讲究，其根本目的就是通过通天，借助于天的力量来组织人间秩序。"[①]从人类社会的发展看，宗教很难逃脱政治需求的利用，这也导致了宗教建筑的繁盛，礼仪和祭祀活动的规范和丰富化。

　　维护统治阶层的礼制，建立符合统治阶层需要的秩序，是维护统治阶级自身利益的必然结果。城乡中集中的或散布的住宅也都经常出现合乎"宇宙的图景"的感觉，以及表现出方向、节令、风向和星宿的象征意义。借助天的力

---

① 金身佳：《中国古代建筑的象天法地意象》，《船山学刊》，2007第2期，第77页。

量，形成宇宙象征的意义，以之统领天文、历法和礼仪等方面，加以系统化、规范化，再推而广之到祭祀空间，形成完整祭祀系统。"对天命思想而言，祭祀上天的重要性是不言而喻的。对上天的祭祀叫郊祀，是因为儒家之礼认为皇帝祭祀上天是在自己居住的南郊。又像父天母地的这种说法所表示的那样，与天相对应，对地的祭祀是在北郊。南郊的祭场是圆形坛的圜丘，北郊坛是正方形的方丘。"①根据天地辨析方位，确定了祭祀的场所和祭祀文化的内核。"在国都南郊的圜丘祭祀的是天，在北郊的方丘祭祀的是地。关于这个，郑玄提倡的说法是，冬至在圆形高地上举行祭祀昊天上帝的祭天礼仪，正月在南郊举行祭祀感生帝的祈谷礼仪。其特征在于，把圜丘和南郊、祭日与祭神区别开来。同样，也区别开了方丘和北郊，方丘是在夏至祭祀昆仑地祇，北郊则是祭祀神州地祇。"②

归结到建筑的发展，寻求已经建立好标准的"法"。"古人在天地观照下营建都城，又从都城规划中一窥天地全貌，形成了'法天地而居之'的人居文化传统。"③相关典籍记载、历史建筑，以及我们平常的设施之中，彰显了"天圆地方"这种中国古代共同基调的宇宙观。"距今五千年以前，当时，关于天体的崇拜十分盛行，已经出现'天圆地方'这种中国古代共同基调的宇宙观。如在辽西地区考古发现的红山文化遗址内，有象征'天圆地方'的圆形和方形祭坛。在上海、常州、吴县等良渚文化墓葬中，出土有大批'内圆象天外方象地'的玉琮。中国古代都城形制的基本模式——方形城的规划方法，就是在'天圆地方'学说的影响下而逐渐形成的。"④这种标准的建立，一个最直接的原因是适应每个历史时期政治秩序的需要。建筑在这样的发展过程中，随

① （日）金子修一：《古代中国与皇帝祭祀》，复旦大学出版社，2017，第31页。
② （日）金子修一：《古代中国与皇帝祭祀》，复旦大学出版社，2017，第35页。
③ 徐斌，秦咸阳：《汉长安象天法地规划思想与方法研究》，清华大学博士论文2014年，第1页。
④ 马世之：《中国古代都城规划中的"象天"问题》，《中州学刊》，1992年第1期，第110页。

着社会的进步，内涵的人文文化也不断系统化和丰厚化。

"在长长的历史中，它凭借着仪式、象征和符号在人们心目中形成了一整套的观念，又由于类比和推想，渗透到一切的知识与思想之中，像与'天'相关的'明堂''圆丘'等场所和'封禅''郊祭'等仪式，像仿效天象把各种建筑置于一个有序空间的皇宫与帝城的设计格局。"①我们国家的城市营建、村落的选址和建造、民居建筑、家具陈设和装饰等，大多都依照方圆的建筑理论，反映出这一思想的体系。从我国的各类典籍记载看，根据方圆的基本理论，在营建的过程之中，定水取平，最重要的就是定区位和尺度。

《营造法式》的"直""工""定""平"和"举"都是在建筑为建造提供"法"，以此为标准，寻找建筑的标准化，就是后来的建筑模数。模数的运用在建筑发展之中是纲领性效果，改变了之前的无序状态，控制建筑预算，核定建筑空间大小，进行适当培训，方便建筑施工和工程的管理，具有很多优点，可以在全国进行推广，当然也存在官式建筑也趋于标准化和一致化的缺点。"周官《考工记》：圆者中规，方者中矩，立者中垂，衡者中水。郑司农注云：治材居材，如此乃善也。"②从先秦典籍里，看到古人在营建之时，解决了定方位的问题，类似现在的设计之中的区位的确立，确定好"场域"，为营建备料，提出施工的预算。"墨子言曰：天下从事者，不可以无法仪，虽至百工从事者，亦皆有法，百工为方以矩，为圆以规，直以绳，衡以水，正以垂，无巧工，不巧工，皆以此无者为法，巧者能中之，不巧者虽不能中，依放以从事，犹愈于已。"③《考工记》和《墨子》之间的最大区别，《考工记》里记载的是方位为主，在操作之中，没有完全具体化，但是《墨子》对方位举例更加鲜明地说出方位的判别标准，要求各类工匠，都要以

① 葛兆光：《中国思想史：导论》，复旦大学出版社，2017，第37页。
② （宋）李诫：《营造法式（一）》，商务印书馆，1954，第19页。
③ （宋）李诫：《营造法式（一）》，商务印书馆，1954，第20页。

"圆""直""衡"和"正"的点总结成为"法"，依照这个法则进行制造。对"农具"的建造提出方法和标准，符合墨家关注平民阶层理念。

《周髀算经》："昔者周公问于商高曰：数安从出？商高曰：数之法出于圆方，圆出于方，方出于矩，矩出于九九八十一物，周事而圆方用焉，大匠造制而规矩设焉，或毁方而为圆，或破圆而为方，方中为圆者谓之圆方，圆中为方者谓之方圆也。"[①]《墨子》和《周髀算经》都一再强调"法"，这里的"法"是建造的准绳，也是规矩，但是《周髀算经》还道出了方圆转化理论，本来从"圆方"到"规矩"，就是阴阳、男女等区别，从圆中涵方，方中带圆的理论，就可以看出古人充分认识到自然变化的多样性，转化理论应该是自然科学的认知的上升，特别是几何学规律的变化研究的结果。法家集大成者也曾多次用建筑之法举例，说明"法"的重要性，"韩子曰：无规矩之法绳，墨之端，虽班亦不能成方圆"。[②]说没有这个"法"，就是把祖师爷鲁班请出也无能为力。《营造法式》的记载里，反复强调"法"，这里的"法"意义非凡，包含了权力、祭祀、阴阳、男女、建筑等，是我们生活的方方面面，已经远远超出了建筑的物质层面。

中国古人经过长期总结，形成"天圆地方"观念和宇宙崇拜，并且移天缩地，将方圆论的意象渗透到建筑设计当中。除了人们熟知的明堂、圜丘这些祭祀建筑之外，在宫殿、民宅也都有体现。"'天圆地方'的宇宙观对我国古代造物和建筑设计产生了深远的影响，由于人们对方圆空间造型的喜爱，才产生了诸多方圆结合的建筑布局、建筑样式及构件。'天圆地方'的建筑文化日益唤起人们对'天圆地方'建筑文化的重视，有助于形成中国独特的建筑模型和建筑语言。"[③]

---

① （宋）李诫：《营造法式（一）》，商务印书馆，1954，第20页。
② （宋）李诫：《营造法式（一）》，商务印书馆，1954，第20页。
③ 汪华丽：《论建筑中的"天圆地方"观》，《大众文艺》，2012年第3期，第286页。

我经常说，我们国家的民居建筑从产生时，就走向成熟，几千年也不曾变过。即便像"官式建筑"，有宫殿、庙宇、学宫、署衙之分，但本质还是一样。民居建筑，特别是最底层的传统民居建筑，直到20世纪90年代之前，还能看出最初的风貌，不像欧洲完全走另外一种途径。一个新理论的出现，就带来新的建筑和艺术的变革，我们是一直依照原本的建筑体系在发展，而且是不温不火，和谐发展，中间可能是建筑材料的变化，也可能是造型的变化，更有地区的差异，但始终有根主线牵扯着。这就是《营造法式》里反反复复提到的"法"，以"法"为纲要，指导我国建筑的发展。即便在文字记载有限的情况下，建筑典籍不多，建筑师更是被人瞧不起，没有几个能流传千古，但那些"法"还是通过师徒口传心授，绵延不绝地发展下来，自成一体。

方位学说，是中国古代星象学重要的依据和贡献，也是形成我国传统文化的重要基础，直至今日依然影响着我们的生活。在古人的观念中，从生命时空的"原点"出发，目的地是什么地方，路径又如何呢？西水坡的墓葬遗址可以回答这些问题。

河南濮阳西水坡原始宗教遗存，是距今6500多年的一处墓地，以45号墓为主体，向南延伸还有三个墓穴，整体看沿着子午线等距排列，墓室的主人是男性老者，旁边有用蚌壳摆出的白虎和苍龙图样，墓室南部带有弧线造型，北边为方形，似乎有意识地在呼应天圆地方的理论和南弧北方学说。向前第二组墓穴营造了人死后升仙的场景，上面有龙、虎、鹿、鸟和蜘蛛组成的仙界，增强方向趋势，营造精神的彼岸之感。南边第三组的墓穴，也有这些仙界造型，但主要是塑造墓主人骑龙的造型，立体空间表达主人升天的过程，最前面的墓穴葬着一个没有腿的孩子，处于南边方位，疑似那个孩子的胫骨放在墓主人的足端，与周边蚌塑一同构成北斗星造型的"伞把"。北斗星所代表的天界是人死后灵魂升天的最终目的地。[1]西水坡墓葬体现了我国史前时期天文学的先进，

---

① 冯时：《文明以止——上古的天文、思想与制度》，中国社会科学出版社，2018，第13—24页。

展示了先民对于生命最后的归宿和"目的地"的朴素观念。天圆地方学说、包含了北斗及二十八宿的天文图，在后世中国各类建筑中屡有呈现。

第二节 互动: 内部观者

鄂东建筑的本源是为了祭祀等活动。这一建筑理论是我们传统民居建筑的精神内核之一，在鄂东地区民居建筑的精神内核有具体体现，抓住这个内核，有助于在建筑力学和结构之外，比较清晰地阐述鄂东地区民居建筑的根本特点。

"虽然中国的南部梯度妨碍了作物的传播，但这种梯度在中国不像在美洲或非洲那样成为一种障碍，因为中国的南北距离较短；同时也因为中国的南北之间既不像非洲和墨西哥北部那样被沙漠阻断，也不像中美洲那样被狭窄的地峡隔开。倒是中国由西向东的大河（北方的黄河、南方的长江）方便了沿海地区与内陆之间作物和技术的传播，而中国东西部之间广阔地带和相对平缓的地形最终使这两条大河的水系得以用运河连接起来，从而促进了南北之间的交流。"[1]我国的文明发展，受地理条件的影响，从黄河流域下来，整个华北平原和长江中下游平原联系在一起，涵盖了我国东部和中部的十几个省市，没有地理的阻隔，也不像欧洲半岛林立，四面看海。我国的东部比较缓坡圆润，南北交流便利，在人类发展中，有利于形成文化统一体的国度。这样的文化特征反映在建筑层面上，就是其建筑文化是和谐统一的风格。

我国南北跨度数千公里，南方湿润，北方干旱，气候、地理和习俗的差异很大，每个地区都有自己的建筑风貌，每个省都有自己的建筑形式，比如土楼、徽派建筑、江西民居、山西大院、山东海草房等等，甚至一个省也有几种建筑风格，比如湖北的民居，东部大别山地区、中部江汉平原地区和鄂西土家

---

[1] （美）贾雷德·戴蒙德:《枪炮、病菌与钢铁》，上海译文出版社，2017，第357页。

族的山寨，可以分成三种大类型的建筑样式。我们现在的建筑研究已经细分到地区内的区别，但是还缺乏系统理论。有些传统建筑可能还受到行政区划的影响，比如江西婺源的民居，是典型的徽派民居，历史上婺源也是属于徽州府的管辖。我们每次到婺源写生，总听当地的老板说道，安徽的政策是多么好，颇有文化认同的弦外之音。

虽然全国各地的建筑都具有很大的造型上的差异，但是从我们的民居建筑来看，其基本的主线没有改变，都比较统一得出现了服务祭祀的空间，一般在单栋建筑的堂屋，整个村落的核心位置，家族的祠堂等修建有祭祀的空间。前面论述了祭祀功能在建筑中的重要影响，这一节主要讲民居建筑之中的祭祀活动。从功能性来看，民居同时满足居住和祭祀的目的，当然还是居住为主，但祭祀也是平常十分重要的活动，所以，在建筑的修建之中，体现出居住建筑为满足祭祀的目的，采取独特的修建方式和特点。

通道

在鄂东民居建筑之中，天圆地方理念的表象特征非常普遍，我们以大宅院（图3-02）或天井生土建筑（图3-03）为例，"天井有多种形制，常见有四合天井、三合天井和二合天井，甚至还有一合天井，都是起自然采光、通风和排水的作用"。[①]在对鄂东地区的走访之中，我们发现其建筑明显特征有二，它们也是当地建筑的重要构成元素，即建筑中常见方形的天井和圆弧山墙。这两种构建要素是天圆地方思想的呈现。天井基本是四方的，除了木子店镇张氏祠堂的天井里叫"锁水"的踏步台是元宝造型外，其余地方目前还没有其他造型。天井还有两种类型，一种是普通型，一般是5块石板组合而成的小型天井，大小为1200毫米（长）×900毫米（宽）×800毫米（深），最下面的石板有一个小孔洞。这类室

---

① 湖北省建设厅编著，张发懋总主编，李晓峰、李百浩本卷主编：《湖北建筑集萃——湖北传统民居》，中国建筑工业出版社，2006，第227页。

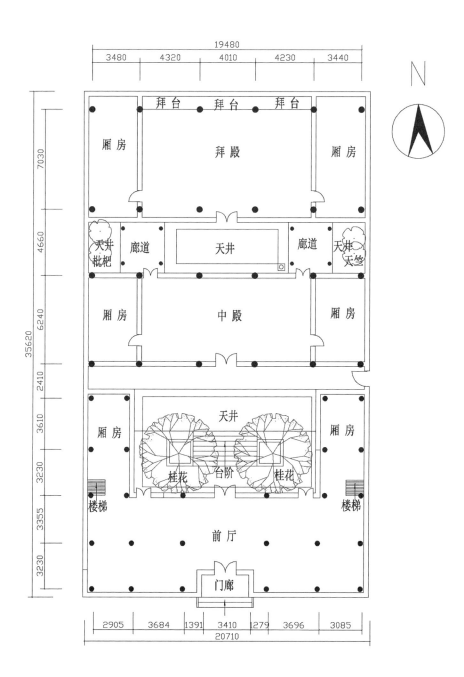

图 3-02 吴氏宗祠复原平面布置

图 3-03 黄土岗镇小漆园社区方家坳小天井

内小天井，是鄂东地区生土建筑中最普遍的形式。

这样方形的小天井在堂屋里面，又靠近建筑主入口位置，每次进门都要绕道，从现在的生活方式来看，缺少效率，十分不便。但它曾经是当地首选建筑类型，直到20世纪80年代后才不再修建留。这种带方形小天井的建筑土砖青瓦顶，外墙粉刷黄色泥土，根据山区的防水要求，墙体的下部用石条修建，相比较红砖和青砖房屋，这类生土建筑在村子里比较醒目。

在建筑的外观和平面图里就可以看到，在天井（图3-04）的上方有一个和天井大小差不多的方形口，雨水从这个口都流进天井里面。通常，人们认为天井寄托着古人聚水聚财的美好寓意，在全国各地都比较普遍，其中比较典型的有皖南的民居和福建客家土楼和围屋。我认为在聚水聚财的解释之外，还应该结合建筑的祖先崇拜功能来考虑，祭祀祖先是一个家庭里最重要的的活动，堂屋是祭祀活动的场域，从建筑的造型看，所体现的这样的需求比聚水聚财的夙愿强。大门是供给活在当下的人来使用的，而天井是给故去的先人回家的灵魂通道。

在胡司德的《早期中国的食物、祭祀

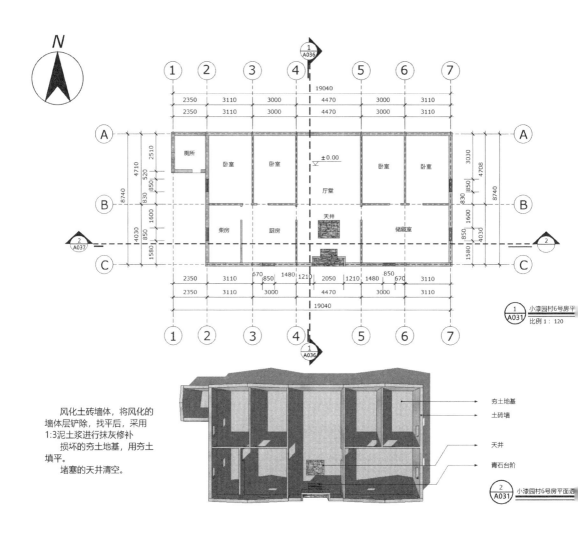

风化土砖墙体，将风化的墙体层铲除，找平后，采用1:3泥土浆进行抹灰修补

损坏的夯土地基，用夯土填平。

堵塞的天井清空。

图 3-04 天井建筑平面

和圣贤》和巫鸿的《黄泉下的美术：宏观中国古代的墓葬》之中都提到，古人在墓周边种植柏树、食物的摆放、器具的选择和墓葬内的开窗及布置等，都以方便散落的魂魄的回归与游动，以及达到人神交流为目的。祭祀在建筑的诸功能中居于极为重要的地位，建筑里最核心的位置是堂屋，也叫祖屋，从平面布置可以看到，堂屋正对着入口，由实用角度看，依照堂屋为分界，左右两边将来是子女分家的界线，堂屋是祭祀祖先之地，为家庭里的公共建筑，两旁正好满足孩子结婚后成立家庭的需要，如果孩子够多还可向两边继续发展，当地大屋建筑就是这样的扩大版。祖屋永远是家庭内的"公共空间"，无论将来如何发展，这样的建筑空间被一直尊崇着。建筑设计之中，实现人神的分流，大门是人的活动入口，神（祖先灵魂）的入口则是天井，这就是为什么会在堂屋里构造设计中，选择看起来运用似乎没有用的天井的原因，每当祭祀的时候，人们认为祖先的灵魂会被召唤回来，接受享祭，佑护子孙。而当子孙烧纸时，青烟顺着天井升起，人神沟通的目的由此达成。"清末的毁庙兴学，中华民国的'新生活运动'，新中国的破除迷信，并没有毁灭这里的宗教生活。'魂魄''风水'，在今天的镇上仍是重要话题。"[1]在祖先崇拜观念下，相信灵魂不灭的乡民，寄希望于已经过世的祖先，有能力对子孙的祸福产生影响。

房屋的神性特点还隐藏其他的文化内涵，既包括对祖先的崇拜，封建社会等级观念和家族观念等，还包括在当时的生活环境、生产环境和社会环境下，人与人之间的各种关系。建筑的空间组成，天井、屋顶、春台、祖先牌位、蜡台、油灯和香炉等建筑元素和房屋陈设元素的共同组合，完美地完成了建筑神性的演绎。所以天圆地方理念，归结到底还是人间营造的景观，包括在人间生活的子孙和重回人间的祖先，是现实与意向的结合。

第一次听到天井聚水聚财的说法，是我在大二参观皖南西递村时，听导

---

① 李天纲，金泽：《江南民间祭祀探源》，生活·读书·新知 三联书店，2017，第66页。

游解说得知的，感觉很有道理，接受了这样的观点，那边是商人汇聚的地方，因而会采用这样的建筑方式和说法。大别山的山区小天井建筑与此不同，山区民居的建造者是因垦荒或为躲避战争而来，没有皖南那样的财力修建大天井，也没有那样大的商业和文化氛围，所以这样的小天井建筑在大别山腹地广泛存在，只为祖先记忆在建筑中的体现。

另外一种天井就是大型民宅的天井建筑（图3-05），是天井之中的典型造型，中间有平台，"锁"字造型，大屋、祠堂、庙宇和会馆中常见，也只有这样等级和体量的建筑，才设计成如此造型的天井。其实不管天井的多大，基本功能还是满足内向型建筑布局，传统建筑的采光和通风的问题，起到更好组织空间和联系交通的功能，还能有效解决深度布局的传统建筑出水的问题。

"孙希旦《集解》：'碑，以石为之，在庭之中，所以识阴阳，引日景也。'后世以碑为测影之具，其制度显然源于槷表称'髀'的事实。相关遗物于今已有发现，乃西周植碑测影传统之反映。此又明中庭测影之事。除此之外，测影还可能在圜丘进行。"①我们可以看到，从建筑起源来看，最初的建筑都比较简单，更没有天井一说，后来为营造"闭合"空间，达到层层叠叠，把对祖先的敬畏通过空间慢慢剥离。天井是古代测影的庭院变形，如同我在解释护城河时说阐述的，后来的建筑在造型上没有变化，但是意思已经不一样，价值观也多次更迭，鄂东建筑之中，随时都可以看到远古建筑的影子。

其实大型建筑的天井反而不像当地典型小天井建筑的神性强，建筑的天井变大，就不具有像万神庙那样采光的独特性，天井越小在采光时聚光性越

---

① 冯时：《文明以止——上古的天文、思想与制度》，中国社会科学出版社，2018，第13页，第159页。转中国社会科学院考古研究所、考古杂志社：《中国社会科学院考古学论坛——2015年中国考古发现》，2016。东周韩都新郑小城内中北部有近方形的小城，小城南部宗庙区有长方形城址，中心有大型建筑基址一处，在房基中央，即城的中心位置有一巨型石圭（见马俊才《郑韩两都平面布局初论》，《中国历史地理论丛》1999年第2期），其性质应即属于测影之碑。

图 3-05 木子店镇深沟李裕炳老宅天井（上）

图 3-06 木子店镇牌楼湾天井院建筑（下）

强，类似聚光灯效果。相反，大型建筑天井（图3-06），令从入口到上面的戏楼，还有大厅和两旁的过道或厢房，都暴露在光线下，反而失去了祭祀空间的神圣性，这种建筑的世俗化现象到现在还比较兴盛，短期内不会变化。

神秘的留洞

由方到圆，在建筑的神性之中，也在相互转换利用，大别山地区的门头上窗户的设计就是如此，从走访来看，其实最好看的是河南新县丁李村和麻城木子店张家畈大屋的窗户旁边的窗花设计最为典型。我对新县的传统民居有这么三点认识，其一是花费2700万元的经费的西河湾，地方政府对传统村落的修缮真是不惜成本，它很快使西河湾出了名。其二是新县和鄂东这里，很多家族源于一族，他们都属于江西移民的后代，原本是从鄂东为跳板，沿着光黄古道继续北上，才到达新县、光山和商城等地的，比如河南新县毛铺村的彭氏和湖北麻城的宋埠彭英垸的居民本来就是一家，所以在建筑上有很多相似的地方。其三就是丁李村的窗花，在2018年夏天，我们学院和江西师范大学联合举办关于传统村落维护和保护的国家艺术基金的

图 3-07 河南省新县丁李村全貌

培训项目中，我在带领学员考察时，对丁李村的窗花印象特别深刻，甚至感到心灵的震撼。"除此之外，建筑装饰或装饰物也体现出厚重的风水文化氛围。如丁李湾民居有一定数量的八卦形门楼洞口，在许多拐角之处将不适宜的墙角（阳凸角）抹平，使之圆滑。现在豫南广大农村普遍在自家大门口挂镜子，这种做法也是风水文化的一种表现形式。浓郁的风水文化赋予豫南民居神秘的色彩，毛铺、沙窝镇朴店村、丁李湾（图3-07）等莫不如此……豫南南部雨水较北部多，门楼通风要求更高，其门楼夹层多开洞口，用于通风防潮，如新县沙窝朴店门楼。豫南北部的门楼装饰性更强，门楼夹层有些不开洞口，即使开洞口，洞口面积也比豫南南部小。"[1]后来在麻城市木子店镇的张家畈村（第六批传统村落），其大屋的侧窗也修建一样造型的窗花，十分精美，但是壁画已经保留不完整，可见两地建筑属于同一地域文化，们当下的研究中，不应该囿于行政区划的局限，要从整个大别山地区的民居建筑这样一个完整的体系来着眼。

---

① 郭瑞民主编，张春香、李水副主编：《豫南民居》，东南大学出版社，2011，第50页，第75页。

丁李村的民居中，门头上有八卦设计的门洞不少于6处，有的是最近传统村落修缮时加建的，其中豪华的窗花，从内到外总共分成五层，最里面是八卦配合暗八仙的图案，第四层是锁纹壁画，第三层为双弧线造型，配合圆点的图案，第二层是蝴蝶纹样的壁画，最外围是三角形花纹的壁画。花团锦簇，具有强大的视觉冲击力。采访当地的村民，他们认为这样的圆形窗户的功用（3-08），主要有防止土匪说，丁李周边原本还有围墙，村子有城门楼，当土匪攻击到大门的地方，圆窗既是村民攻击土匪的射击孔，同时可作瞭望口之用。我个人第一次到丁李村考察看到这些圆窗时，首先联想到的就是燕子洞，在农耕文化的影响下，整个大别山地区的人们都认为，燕子进家筑巢是好事，是荣耀

图 3-08　河南省新县丁李村门洞

之事，从形状和高度来看，圆窗适合燕子飞入寻常百姓家。而在经过一年多的考察之后我进一步推测，它和小天井房屋的功能一样，在满足通风采光的条件之下，洞口正好对着堂屋，也是整个宅子里核心的位置，是祭祀时的神道。这也就可以解释户主为什么花费心思进行这样复杂的设计，满足如此重要的需求是动力，所以，这个圆洞口的5圈装饰，以神性题材为主，而没有世俗的图案。

"一件仰韶文化的陶瓮棺在棺壁上钻了一个圆孔，以使灵魂得以出入。有关灵魂死后不灭的信念一定延续到了公元前五世纪，为曾侯乙墓建造者在内棺上图绘象征死者灵魂出入通道的门窗提供了理论根据。"[1] "同样信念在公元前5世纪仍然存在，曾侯乙墓漆棺上有图绘和实际开口的窗子，象征着死者灵魂的出入口，应是基于同一思想。"[2]巫鸿的关于史前时期墓葬中灵魂通道的描述，给了我这一推测以很大的启发。"与代表瓮牖的圆窗不同，圆形的门（通常称作'月亮门'）似乎代表洞穴的开口：洞穴经常被看作是通往神仙世界的入口，而每一个园主都希望自己的园林能形成神仙的领域。"[3]可见圆形在我国传统认知里已经被赋予了神仙意义，各类建筑不断运用这一造型，应该有求仙通神的寓意。

吴欣主编的《儒家山水：从风景园林到格物致知》一书中谈到，看到了江西的儒家思想随着人口的迁移，直观地带到了鄂东地区。鄂东建筑，特别是建筑思想，承袭了江西地区的不少经验。"形而上的道寓于有生万物之中，而有生万物即是由终极的固有之生机——气——来驱使其存在的形而下的

---

① （美）巫鸿：《黄泉下的美术——宏观中国古代墓葬》，生活·读书·新知三联书店，2016，第199页。转自：这件器物发表于东京国立博物馆：《黄河文明展览》（东京：中日新闻社，1986），图29。

② （美）巫鸿：《礼仪中的美术：巫鸿中国古代美术史文编》郑岩，王睿编，郑岩等译，生活·读书·新知 三联书店，2016，第208页。

③ （美）吴欣主编，（英）柯律格、（美）包华石、汪悦进等：《山水之境：中国文化中的风景园林》，生活·读书·新知 三联书店，2015，第221页。

器。"①"形而上为道，形而下为器"是朱熹的重要观点和学说，中间之"气"能驱使"道"与"器"形成统一的宇宙综合体。鄂东民居建筑正是秉承了天之为道，屋之为器的运作原理，通过山墙、天井、铺首衔环、蜡台和祖先牌位等，来实现"气"的运作，达到气韵生动，使建筑的"器"与天地之间灵动，构成互动的整体。

鄂东民居建筑之中的"洞"普遍存在，可以说是四通八达，在各自的"岗位"上，有着独特的作用。其中向天有天井，主要是灵魂通道，还有采光和通风的作用，更是一个家族聚居的内核化象征。还有亮瓦的运用，在内向的空间能很好采光，黑暗的房间里，亮瓦加大建筑的神圣的作用。一个村和一个家，最能代表生气的是烟囱，村落的烟火气是村庄生态的重要标志，所以高高向上的烟囱，往往是积极生活和安定生活的标志。建筑的墙面上也有各种洞，门、窗户、通风口、狗洞、下水道（图3-09）和燕子洞，这里不再赘述。

古人的高明之处就是在建筑中运用阴

图3-09 麻城雷氏祠天井内置出水口

① （美）吴欣主编，(英)柯律格、(美)包华石、汪悦进等：《山水之境：中国文化中的风景园林》，生活·读书·新知 三联书店，2015，第151页。

阳学，包括留洞，也有这样的区分。不起眼的建筑下水道实则也体现鄂东先民的集体智慧，譬如新县毛铺村，在不影响外观整体造型的情况下，修建下水道解决后山下水问题，实用，美观，而且隐蔽。院落的小天井，就是一个向下的洞，这和屋顶上的天井口，形成"反观"的二元空间。这种倒像（Reversed Image）与反观（Inverted Vision），形成视觉效果的镜像，为下实上虚，是建筑意向的一种化身，增强建筑的透视力和超自然能力，所以盐田河的雷氏祠，在天井里还设计了"过仙桥"（图3-10），其目的是为增强空间通道的仪式感，成迎送祖先灵魂的"礼器"。地下通道还是生物生存的空间，还有其他更小的小虫的通道，都

图 3-10　麻城雷氏祠天井"过仙桥"（下）

图 3-11　雷氏祠戏楼十八学士进京图雕刻（上）

留下如蚂蚁和蜈蚣等生活的轨迹。

反观当代，譬如我们单位的教学楼过道设计，在考虑采光和留"洞"的设计中，是完全失败的，经常有小鸟在过道飞不出去，这种现象在办公楼中似乎还带有一定的普遍性。所以我们准备结合丁李村的实践经验，在单位推广飞鸟计划，解决这一问题。

通道需要空间的连续性实现，是传统建筑中重要的空间处理手法，鄂东地区的建筑空间的组织，地下管网的排列，都是如此。而主体部分的装饰，比如房屋外界面的密檐结构，祠堂的戏楼的装饰，不管大小，雕刻的场景异常精彩丰富。雷氏祠戏楼十八学士进京图雕刻（图3-11），中间是带有纪念碑性质的"玉京"，借用道教的场地代表人间的京城，左边的学士们通过陆路进京，其中三位骑马，两位坐独轮车，余下四位步行；右边为水路进京，除了一位上岸，两位准备登船以外，余下六位都在船上，或交谈或赏景，充分运用"场景"的转换，表达了丰富的空间联系性。"通过科举考试（特别如唐、宋以下的'进士'），'士'直接进入了权力世界的大门，他们的仕宦前程已取得了制度的保障。"[1]所以，现实意义，中间的"玉京"代表了权力，是学子上升的门槛。科举目的地和前面一样，十分明确，在艺术表达上带有现代电影蒙太奇的手法，具有一定"神性"的浪漫主义色彩。这一现象在鄂东建筑的"通道"里，都会被特别"关照"，木子店的邱家档村大屋戏楼的核心位置，其雕

---

① 余英时：《士与中国文化》，上海人民出版社，2003，第6页。

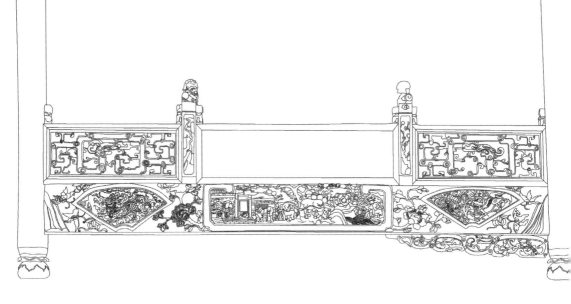

图 3-12 木子店镇邱家档村大屋戏楼木雕

微观建筑

刻空间导向性也特别强，被两旁的造型所拱卫。因为重点强调中轴线上的核心通道，才装饰如此精美的木雕（图3-12）。

　　民宅不是专门的祭祀建筑，虽然也有弧线造型的山墙，但是表达出的神性特点被减弱很多。比之祠堂建筑，民宅山墙没有三圈的圆弧造型，只是简单的弧线造型，这是民宅建筑的需要。红安县椿树店村建筑山墙的弧线造型给人印象深刻，一方面这个宅子比较高大，从外观上看，有很强的压迫感，特别是结合旁边的巷道，压迫感就更强，另一方面是这栋建筑正面的弧线造型很小，反映出户主的矛盾心情，既想要表达出气势又想含蓄些，面积小，弧度自然也不明显。所以，造型考究、丰富的山墙都集中在祠堂、庙宇、学堂和会馆等建筑类型中。

　　2019年上半年我去调研红安县永佳河镇椿树店村（图3-13），彼时它刚获批第五批次中国传统村落，这个村落清代古建筑占到一半以上，传统的建筑风貌保留比较好，清一色都是民宅，没有其他类型建筑，原本祠堂在村外一点，现已不存，但是民宅的山墙造型还是比较丰富，形式可谓多样，包括小弧线、山字顶和马头墙的造型，三种屋顶造型都有，布局丰富有层次，建筑之间搭配合理而美观。村子的外围还保留部分城墙，主要分布在西边和北边，加起来大约有300米，很多段落都是原样保留，能充分看出当时民间的城墙的建筑特点，东部和南边的城墙已经不存，城门楼在20世纪60年代已拆除，原址又修建了民居建筑，所以四座门楼都已不存。类似的城门楼目前仅在麻城市闵集枫香畈村还残存一点除了鄂东山区的山寨，保留了大量的城墙外，村落之中，目前只有椿树店村和枫香畈村保留有残缺不全的城墙。

乡村城墙（图3-14）的材料就是青石，就近采用慢慢垒叠起来，墙面收口整齐，看不出丝毫懈怠和马虎。考虑到实用、技术和造价等因素，墙基有1.5米

图3-13　红安县永佳河镇椿树店村程家下垸村貌

图 3-14 红安县永佳河镇椿树店村程家下垸城墙

宽，往上逐渐收分，墙顶宽1米，结构稳固。由于现在城墙周边淤塞和改建，当时有两丈高，防御能力突出，现如今，城墙只保留三分之一不到，城门也进行改建，大部分的墙体只有2米多高。

礼仪的空间性质决定了建筑的造型。在天似穹庐，华盖四方的祠堂建筑之中，陡山吴氏祠的建筑顶部造型独特，它有许多小构建，像屋顶中间琉璃宝刹，总共有五层宝葫芦连接而成，分别是蓝黄黑黄黑到顶，中间有一个荷叶造型的隔片，其上是生铁打造的造型组合，其下是弓箭组合，装饰各种弦形纹，中间有个圆圈，饰有三叉戟。这个造型的目的就是引起过世的祖先灵魂的注意，是人神交流的媒介，彰显了建筑的神性。

在宝刹的旁边，屋脊上安置有两对陶制的鸡和狗（图3-15），造型很有动感，鸡伸着脖子，狗扭着头后看，个性十足，在塑造手法上有点皮影形象的感觉，特别是鸡冠的棱角分明，也有郭熙画山的手法，仙气十足，与"一人

图 3-15 红安县陡山村吴氏祠宝刹与走兽

得道，鸡犬升天"的修仙思想正好吻合。"仙人也吸引动物自发随从。相传彭祖八百岁，常有虎在左右。祝鸡翁也是品德高洁的仙人，有记载说他养鸡百余年，有鸡一千多只。他给每只鸡分别起了名字，呼名即至隐遁而去，身边常有数百只白鹤、孔雀。白色动物与长生不老联系让人想起司马迁和班固所描写的海上神山：'其物禽兽尽白'。此外还有刘安（前180—前122）的故事，说家畜和主人一道成了仙，于是'犬吠于天上，鸡鸣于云中'。家畜随主人升仙的事例，还见于仙人唐公房（约9—25年在世）碑。"① "同样情况的还有唐公房

① （英）胡司德著，蓝旭译：《古代中国的动物与灵异》，江苏人民出版社，2016，第195页。转自彭祖、祝鸡翁事，见康德谟（ Kaltenmark）(1953)，82-83、127-128。白鹤是长寿的象征，见《淮南鸿烈集解》卷十七《说林》，第579页。出石诚彦讨论过鹤为仙人随从的现象，见出石诚彦（Kzushi Yoshihiko）(1943)，707—722。《汉书》卷二十五上，第1204页；《史记》卷二十八，第1370页。又见《列子》卷五《汤问》，第4b页。这个故事因王充的批评而得以传世，见《论衡校释·道虚第二十四》，第317—318页、第325页。

（见于碑刻）和刘安（若干文献中都有他的故事，包括葛洪的《神仙转》），据说他们和自己的家人分享了神丹，于是一起成了仙。在刘安的故事中，就连他的鸡和狗都因为吃到了些微的神丹而升仙……叙事者大大夸赞了唐公房的行为，他并不是独自飞升的，也不仅仅带上了妻子，而和刘安那样还带上了家畜……据说所知，最早提到唐公房的是张华的《博物志》：唐房升仙，鸡狗并去。唯以鼠恶不将去，鼠悔，一月三出肠也，谓之唐鼠。"①根据《天文图》的分布看，天狗国、天鸡和狗的星座在西北角，所以吴氏祠的正中间和右边的屋脊上才有鸡狗造型，和天上的星座位置正好相对。鄂东地区建筑上面留存下来这些鸡狗造型，应该是古代修仙思想的反映。到明清时期，结合当地柱础普遍运用石鼓的造型，而且是架子鼓②的样式来推断，建筑语言中强化王权统治，维护社会和谐和驱鬼辟邪的意味明显增强。屋顶的鸡狗造型，其含义同样完成了从修仙到镇宅辟邪的转变。

我们的文化语境中，动物也有"德"与"文"，鸡狗同儒家思想中的德行和忠贤紧密联系。"鸡能按时打鸣，分判昼夜，又能引起食鸟同声相和，在同类动物中很突出，所以有人也把鸡的形貌、行为跟儒家德行加以联系：说鸡有冠，是'文'的标志；足上有距，体现了'武'；敌在前敢斗，故有'勇'；得食相呼，故曰'仁'；鸣不失时，故曰'信'。"③看到古人运用道德来教化人们，认为这些有灵性的动物，是人间圣贤化天地品格的一种表现。"有些学者在研究古代中国巫觋（shamanism）时，认为动物是一种沟通人神的灵媒。动物是否在古代中国宗教和祭祀中充当灵媒，沟通人神，是个有争议的问题，

---

① （美）康儒博：《修仙：古代中国的修行与社会记忆》，江苏人民出版社，2019，第187、226、228页。转《博物志校正》第125页（第80段），引文见YWLJ95:1659。这段文字没有出现在现存的文本中。
② 传统的鼓，为了便于在进行红白喜事的活动中，能进行击打，所以就制作一个类似个传统洗脸架的木结构，上面安置一面鼓，所以这里所说的架子鼓，不是西洋乐器的架子鼓。
③ （英）胡司德著，蓝旭译：《古代中国的动物与灵异》，江苏人民出版社，2016，第202页。

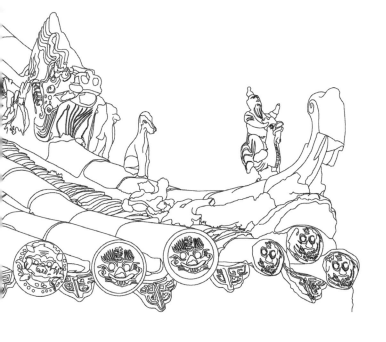

图 3-16 麻城五脑山帝王
庙一天门垂脊神兽

今后无疑还将继续争议。商周青铜器和工艺品上的动物纹样迄今已有多种解释。张光直指出,青铜器上的动物图像不只是装饰,而且有协助巫师沟通人神的作用。照他的意见,铜器所盛的动物祭品可能是跟彼岸世界取得联系的具体手段,礼器上的动物纹样也可以这样解释。"① 所以即便是鸡狗,在当时也是被用来充当人与神交流的媒介,并且不是孤立出现,而是成系统在封建礼制的体系下的一种呈现。

陡山吴氏祠屋顶的"微观世界",建筑的各种组件特别丰富,除了宝刹和走兽,正脊采用了手工定制的陶制镂空龙纹,戗角的鳌鱼也栩栩如生,张着大口喷水,正脊和屋顶过渡的瓦片都是单独制造的龙鳞片造型,在大弧度的造型之下,各路神仙都已经到齐。

麻城市五脑山帝王庙是鄂东地区重要的道教圣地,在一天门的屋脊上,仙人骑在凤上,神情自若,当为老子的形象。神兽形象,也比民间房屋屋脊上的为多(图3-16)。天马、凤、斗牛、青狮子,这些神通广大的神兽,各司其

---

① (英)胡司德著,蓝旭译:《古代中国的动物与灵异》,江苏人民出版社,2016,第239页。

图 3-17 麻城盐田河雷氏祠左山墙《哪吒闹海》雕塑

职，经历风霜数百年。

　　"作为一个封闭的区域，圆与方都有一个中心。这个中心的唯一性使它成了能量的聚集点、信息的发散处，因而它本身即是一种价值确认。这个神圣的中心呈现了秩序的最高庄严性，支配一切的'道'由这里生发。"[1]祠堂的弧线造型的目的，是文化的延续，特别是家族文化的聚集和传承，所以在造型的同时，缺少不了说教。

　　雷氏祠的正面左右两侧的厢房屋顶，造型统一，都是三个圆圈造成的湾流水山墙，整个山墙为龙的造型，尾巴向外，龙头向里，入口大门即是宝珠，取二龙戏珠的寓意。在正中间的圆形山墙上，分别有《哪吒闹海》（图3-17）和《水满陈塘关》雕塑，山墙如此造型的在鄂东地区只此一处。根据其中蕴含的典故，可以看出雷氏家族教育子孙后代，要有闯走江湖的精神，为家族和百

① 李宪堂：《大一统的迷境：中国传统天下观研究》，社会科学文献出版社，2018，第118页。

姓的利益要有牺牲精神，所以在弧线的造型之下，隐喻着教诲。总体是在外儒内道的布置格局下的装饰设计，其中最有意思，或者说是不可思议的部分是室内戏楼左耳房的雕刻，竟然有性爱场景，一位赤裸的女人瘫坐在雕刻模糊的男人身上，对面楼的对等位置，还有三个人物，表现一个男人和两位太太共处的场景，其中两个女人十分缠绵。如此重要的传统礼教场所，竟然表达如此裸露的场景，就是当下的公共建筑怕也不行。我们可以将其解释为在农业社会条件下，对于家族来说，需要从各个方面来促进人自身的生产。只有家族壮大，才能在生产力不发达的农业社会占得一席之地。

第三节 小结

在圆方系统之下，是一类文化的"包裹"和"内核"，在建筑之中寻求内心的精神家园。通过建筑的营造，在有限的地理条件下，寻求合适的居住环境，期望达到人、生产、生活和环境的和谐。鄂东建筑在村落的规划和各种的造型里，也时刻提醒自己，不忘天圆地方的环境观念。国内外很多研究者都提到了圆方系统在各类器物之中的精神含义，无外乎通过人与自然的交流，达到精神境界的提高。其实除圆方观念外，还有"鸟""十字型"和"山峰"等造型系统，都有其丰富的内涵。其中"十"字在史前是象征太阳的符号。"几乎所有原始文化中都出现过的'十'字，就是大地四方的指事符。在距今6000—7000年的河姆渡文化遗址中出土的陶器上，发现了多件'十'字符号，还有一件太阳与分居四方的四鸟合璧的陶豆盘图像，说明时人是通过观测太阳确定四方及四时节气的。"[①]殷墟博物馆里青铜器铭文中常作为部族标志符号出现的还有不少"亚"字标志。下一章我们从另外一个角度，来讨论"山峰"在鄂东

---

① 李宪堂：《大一统的迷镜：中国传统天下观研究》，社会科学文献出版社，2018，第26页。

人民的生活里将扮演什么样的角色。

招 魂

（战国）宋玉

朕幼清以廉洁兮，

身服义而未沫。

主此盛德兮，

牵于俗而芜秽。

上无所考此盛德兮，

长离殃而愁苦。

帝告巫阳曰："有人在下，我欲辅之。

魂魄离散，汝筮予之。"

巫阳对曰："掌梦，上帝其难从。"

"若必筮予之，恐后之谢，不能复用。"

巫阳焉乃下招曰：

"魂兮归来！去君之恒干，何为四方些？

舍君之乐处，而离彼不祥些！"

第四章

外观：追求境界

鄂东地区具有"半岛式"地理特点，其北面与河南交界，东面和南面又分别和安徽和江西接壤，长江从南面穿过，"东介两淮之固，西连七泽之雄，九江之流枕于南，五关之险据于北，若蛟翔凤峙之势，乃湖北之要卫"。①大别山东高西低，东南角比较陡峭，绵延300里断崖，尾迹入江西九江，与庐山山脉隔江相对。所以整个鄂东地区成为瓶颈之地，是江汉平原和长江中下游地区连接的咽喉之地。

中国古代社会对于建筑的规模、形制，甚至选址都有很严格的礼制规定，仅名称一项，《宋史·舆服志》便有"私居执政亲王曰府，余官曰宅，庶民曰家"分别，可谓等级森严，这也是造成很多普通民居建筑形制简单的最重要原因，"庶民所居房舍不过三间五架，不许用斗拱及彩色妆饰……屋顶的瓦样规格、琉璃色彩、屋脊瓦兽、山花悬鱼等等，都有等级限定"。②由鄂东地区地域特点决定，大多数村庄的建筑规模都不大，以点式构图为多，个别成片连接修建的村落偏大，但相对于街区建筑看，建筑密度还是很小，建筑之间的防火迫切程度，比皖南和福建民居要低。历史上鄂东地区不是经济发达地域，房屋的精美程度普遍低，民居建筑在修建之时70%都没有修建封火山墙，仅地主庄园、祠堂和部分的街区公共建筑才修建。处于炫耀宗族，敬宗望祖的需要，集全族财力修建的祠堂建筑精美绝伦，最典型的是红安吴氏祠和麻城雷氏祠，整个建筑群雕刻精

---

① 弘治《黄州府志》卷二《风俗》，上海古籍书店，1965，第41页。
② 侯幼彬：《中国建筑美学》，中国建筑工业出版社，2009，第174页。

图4-01 湾流水和山字型造型的彭英垸彭氏祠

美，山墙变化也特别丰富，涵盖几种建筑形式，堪称鄂东地区建筑宝库。鄂东地区建筑的山墙形式，可分为翘檐口硬山封火山墙、三弧线型封火山墙和马头墙式封火山墙三种，这三种形式的山墙在具体建筑的运用中，有依照单一形式出现，也有混合组合出现，富于变化，而又有一定的规律可寻。一般祠堂是递进布置，所以前进房屋的山墙出现三弧线型封火山墙（图4-01）居多，继之以马头墙式或翘檐口硬山封火墙。而庄园建筑群一字排开式布局，靠近大门的房屋多采用三弧线型封火墙，其次的房屋山墙则是马头墙居多，因此根据三弧线型封火墙多出现在建筑的重点部位，"把屋顶及其带曲线的结构作为着重点而加以突出"[1]的特点来看，这应该是建筑被赋予权力与文化的宣示。

---

① （美）李约瑟：《中国科学技术史》，科学出版社，上海古籍出版社，2008，第70页。

要理解赋予建筑以权力和宣示文化，我们不妨先来看一个汉字"广"，"广"字繁体字作"廣"。《说文·广部》："廣，殿之大屋也。从广，黄声。"所谓大屋或即宣教布命之明堂，古又名之曰"堂皇"。《广雅释宫》："堂皇，合殿也。"《汉书·胡建传》："监御史与护军诸校列坐堂皇上。"颜师古注："室无四壁曰皇。""皇"即言从"黄"声之"廣"，故段玉裁《说文解字注》云："覆乎上者曰屋，无四壁而上有大覆盖，其所通者宏远矣，是曰广。"从"广"及其所引申的诸字的训释来看，古代建筑设计有以无壁而使王命播远的思考。[1]房屋造型的最初形制，就是要墙体通透，屋顶伸展，达到王化思想的传播。所以，我们国家建筑的墙体历来都很通灵。具体到鄂东建筑来看，建筑造型虽已经发生很大改变，但屋顶的造型通过山墙丰富的变化，实现建筑新的宣教作用的理念却一以贯之。至于具体是翘檐口硬山封火山墙、三弧线型封火山墙，还是马头墙式封火山墙，那都只是技术问题了。

本地为什么没有保留下类似皖南民居和山西民居那样大规模的民宅，原因有很多种，其中村民保护的意识、建筑的质量和社会环境以及经济发展状况等都是重要因素。从乡村调研反馈情况看，乡村所保留的民居建筑要远多于市镇。以麻城为例，麻姑庙是太平天国运动之后，县城里唯一幸存下来的重要的公共建筑物，麻姑是麻城县的保护神，麻姑庙则是当地认同的象征，这或许是它得以保存的原因。从19世纪70年代起，官方和民间（当然尤其是黄帮商人）不断利用幸存的资源，重建院试考场、钟鼓楼、孔庙、寺院宫观、县衙等办公场所。农业基础设施也需要修缮，譬如该县的粮仓系统曾经是当地人自豪的标志，却在战争中遭到破坏，无法满足人民对粮食储存的需求。[2]总之，鄂东地区城市里的代表性建筑，如政府机构和大部分祭祀空间等统统毁于战火。

---

① 冯时：《文明以止——上古的天文、思想与制度》，中国社会科学出版社，2018，第260页。
② （美）罗威廉：《红雨：一个中国县域七个世纪的暴力史》，中国人民大学出版社，2014，第227页。

第一节 楚风意韵: 翘檐口硬山封火墙

从考古资料看，已出土的属于中山国的巨大的山字型青铜器，是典型的白狄人与神交流的礼器；中山国还有山字造型的瓦当，和汉代山字纹铜镜一样，虽然不是在礼器上，但也有追求人神和谐的意思。考古发掘还发现了一个陶人和它旁边的5座小陶山，似乎是中山国人祭祀大山的场景。而在更早的甲骨文中，山字倒置图像，代表苍穹，这可能是关于山字造型的最早的记载。后来的山字造型应该是遵循这样一个传统，对山体的尊重，只是表象，核心还是通过山字造型，达到人与神的沟通与交流。所以，从山字纹的早期用途看，核心还是一种人神交流的媒介。

山字纹的精神脉络

"官方的五岳系统确立于公元前72年。据《汉书》记载，西汉宣帝（前73—前49年在位）在这一年将奉祀五岳入国家祀典。汉宣帝所定的五岳即东岳泰山、中岳太室（嵩山）、南岳潜山（霍山）、西岳华山及北岳常山。"[1]建筑的造型源自当地的历史传统。在汉代确立的五岳系统中，从地理方位来看，鄂东地区在大别山地区，对应五岳五行体系的"火"，那么在建筑之中反映出火的造型，和当时的主体思想不能说没有关系。从当地出土的明器看，在汉代时期就已经有这类戗角的设计，只是从明器（图4-02）看，戗角的位置居于垂脊上为多，而悬山的房屋没有戗角的设计；从保留下的古建筑看，悬山的房屋由于挑檐很长，一般都达到60厘米，所以再回头找墙的位置不方便，不仅没有办法正好对齐，还会造成房屋漏雨，而硬山顶正好收口成戗角，达到完美收官。但是汉代的房屋是庑殿式顶，这样的房屋在四角都内收，从明器看，内收

---

① （美）巫鸿著，郑岩编:《巫鸿美术史文集（卷二）: 超越大限》，上海人民出版社，2019，第252页。转班固《汉书》，中华书局，1962，第1249页。

图 4-02 鄂东博物馆藏汉代义仓明器

图 4-03 天门市白茅湖农场曾头大队王云汉宅

还是有不小的戗角，毕竟这是模型，实际之中不可能修建很大的戗角，或者比这类要小。

整个湖北民居建筑的最大特点就是翘角檐口硬山式封火墙，涵盖的地区广泛，特别是现在的江汉平原地区（图4-03），这种建筑类型在农村地区还有不少。由于这里地理特点是湖泊沼泽居多，建筑所需木材，很大一部分依赖从外地运来，所以房屋修建得比较低，规模不大，但注重一定的装饰元素，突出的就是这种类似"W"造型的山墙，再配以彩色壁画。山墙造型同官帽相像，也是一种美好愿望的寄托吧。

比较起来看，从庑殿式发展到悬山和硬山顶并存，是什么因素造成，我们现在还没有很好结论，一般认为不同时代民众的不同的思想意识，会反映在建筑的造型上，从庑殿式建筑我们看到了汉代人的"求仙"思想，中间形成尖峭，是很明显的上升理论再现，比这个夸张的还有后来的牌楼和欧洲的哥特建筑，都是类似的思想体现。我们再看看当下的建筑物，当地除了老建筑之外，基本都是一种中西的混血产品，我们既要承认传统建筑的居住舒适程度不高的问题，特别是建筑的地面潮湿，容易发霉，不卫生，光线比较昏暗，隔音效果差等缺点，也要看出现代建筑对社会资源消耗大，污染严重，建筑材料不环保等缺点，最好的办法是选择折中打造我们本土建筑。

大汶口文化陶器上的图案，有类似山字造型，安徽北部，浙江的良渚文化玉璧也都有这样的造型。新近有一种观点认为大汶口陶器图案上面的圆圈为太阳，是太阳神崇拜的原始宗教活动的图腾，中间的图案是鸟，因为直到汉代人们还认为太阳是被鸟驮着运行的，而下面的山字造型是"昆仑之虚"，总体就是太阳崇拜的信仰图腾。[1]

观天象是古人经常进行的一项活动，山字造型有可能是对观天象活动的一

---

[1] 许边疆：《对大汶口文化"日·月·山"图像含义的新解读》，《装饰》，2019年第4期。

图 4-04 江苏无锡博物院昆仑山金饰造型

种记载，组成最早的星图。三星堆也出土有类似的星点山字型的骨器，代表了对日月和火的崇拜。

在江苏无锡博物院里面，有一件展品，整体作山字造型（图4-04），西王母为形象主体，衬以瑶池琼台，是神仙思想的延续。

无论是古代氏族图腾，观天象所得的星图，还是汉代的西王母崇拜，"山"的造型一直存在，也必然对建筑产生深远影响，所以我们把墙叫山墙，屋顶营造成山顶的造型。

山字造型建筑

山字型器物，包括祭祀器物、武器和日常生活用品，涵盖了我们生活的各个方面。山字型是一种实用的造型，也是人们十分喜欢的一种艺术造型。

自我研究鄂东古民居开始，其独特的造型，特别是湾流水和山字型的山墙，是我最重要的图像记忆，和马头墙是皖南民居的代表一样，湾流水和山字墙成为鄂东民居建筑的形式语言。我想理清这一造型得以大量运用的原因，发现其源头还是可以追溯到祭祀物品中。

我们知道建筑的产生和原始的宗教活动有着密切的联系。"从社群的角度来说，建立祠庙提供了一种能够获得远去的仙的精神力量的地方、能够为修道者提供饮食并请求帮助的地方；而从内在的角度看，描述修道方法的文本认为，仙是不需要祠庙和供品的，（据我所知）他们也不要求有祠庙和供品，这与常见的庙神的行为很不一样。"①我们在鄂东的调查表明，只有级别高的建筑才做造型复杂的山墙，目的很明确，就是塑造空间的庄重性质，一般都是祠堂、寺庙、书院和地主大宅才用，民宅绝少。

建筑造型的根本目的是什么？建筑是祭祀活动的重要组成部分，马王堆一号墓"第三重棺显示了色彩与图像的突出转换。它通体赤红，表面绘有神怪动物和带翼仙人。作为构图中心的是三峰并峙的昆仑山——当时仙境的首要象征。昆仑山在第三层棺上被描绘了两次，象征着灵魂在黄泉世界的永生"。②这里的山的造型，是比较抽象化的昆仑山，具体来看《海内西经》描述昆仑的结构云："海内昆仑之虚，在西北，帝之下都。昆仑之虚，方八百里，高万仞。上有木禾，长五寻，大五围。面有九井，以玉为槛。面有九门，门有开明兽守之，百神之所在。在八隅之岩，赤水之际，非仁羿莫能上冈之岩。"③至于昆仑三成，在《尔雅·释地》有明确的介绍"'三成为昆仑丘。'《尔雅》之义，谓凡三层之丘皆可谓之昆仑。《水经注·河水》引《昆仑说》云：'昆仑之山三级：下曰樊桐，一名板桐；二曰玄圃，一名阆风；上曰层城，一名天

---

① （美）康儒博：《修仙：古代中国的修行与社会记忆》，江苏人民出版社，2019，第178页。

② （美）巫鸿：《黄泉下的美术——宏观中国古代墓葬》，生活·读书·新知三联书店，2016，第54—55页。

③ 刘宗迪：《失落的天书——〈山海经〉与古代华夏世界观（增订本）》，商务印书馆，2016，第499页。

图 4-05　麻城宋埠镇彭英垸布局图（家谱）

庭，是为大帝之居。'"①直白介绍了昆仑山的基本造型和各种层次的分类。

和通常的艺术表达一样，所在建筑、绘画和雕塑中，都系统地进行表达。"马

王堆一号墓上的昆仑图像的另一个意义在于暗示了想象中的一个'地点'。尽

管这一粗糙的仙山形象尚不过是三个山峰的剪影，它却具有无限的潜力，在以

后的历史进程中吸纳各种人物、动物和植物母题以构成更丰富的仙境图像。在

这个发展过程中，等级、对称和透视等一系列构图原则被相继发明，为充实仙

山提供了各种表现手段。"②

---

① 刘宗迪：《失落的天书——〈山海经〉与古代华夏世界观（增订本）》，商务印书馆，2016，第
508页。
② （美）巫鸿：《黄泉下的美术——宏观中国古代墓葬》，生活·读书·新知三联书店，2016，第
55页。

古代的各种山字造型，在鄂东民居建筑被广泛应用（图4-05），尤以有两种造型被常用，其一就是整个山墙为山字造型，这样的建筑在山墙造型上花费很大气力，特别是造型，两头翘起，宛如大鹏展翅，建筑被仙化，轻盈缥缈的处理手法，古人的祖先崇拜和求仙思想毕现。山墙不是建筑正面，但是在设计的过程之中，还是有很多细节可以发挥，首先能设计出叠层关系，使山墙不被雨水直接侵袭，稍微向外口飘檐5厘米，起到很好的保护墙体的作用。其次为了让两边的戗角能高高跃起，在垂脊的下面设计出人字形的墙面支持，很好地支撑两头的上翘，并且美化山墙，使之变化丰富，使屋顶与山墙有了过渡，增强屋顶厚度，不显单薄。最后是山墙的最上部，都被粉成白色底的边带，上面再装饰壁画，前后和中间部分在粉刷的时候，粉刷成葫芦（福禄）、莲花白鹭（一路连升）、月亮和蝴蝶等图案，还有方形和圆形等山墙白花，十分精美，也有在白色造型的底纹上进行装饰，上面绘制成人物或花卉的彩色壁画。这是硬山顶建筑的完美演绎，既考虑到建筑的防护功能，也考虑材料的选择、结构的设计和优雅的造型，形成和谐的统一体。

其二就是只做正面仙化的设计手法，这样的建筑从等级上来看，属比较低等级，但还不是最低等级，因为要在山墙的两边修建翘角，这样的设计必须采用耐水性好的材料，譬如青砖才能胜任，而广大群众最广泛熟知的泥土建筑，必须要设计成悬山的山墙，才能够保证不被雨水侵袭。可见在阶级社会，户主的社会地位，通过材料和建筑的造型都能基本反映出来。

从建筑正面看，山墙修建戗角（图4-06和图4-07）法，是鄂东民居建筑之中最常见的，可能是基于建筑造价的考虑，只在两旁加建两个戗角，就能达到建筑的升华，用最小的代价达成建筑的神化，当然，从建筑的发展分析，建筑造型上的神化色彩，随着社会慢慢进步，在慢慢变弱。

四排头的山墙建筑样式（图4-08），从被使用的频次来看，已经居于鄂东建筑的第二位，紧排在祠堂大门多运用的牌楼式的后面。这种翘角的设计方

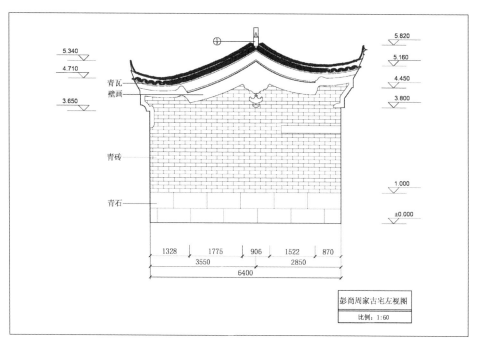

青瓦
壁画

青砖

青石

5.340
4.710
3.650

5.820
5.160
4.450
3.800

1.000
±0.000

1328 | 1775 | 906 | 1522 | 870
3550 | 2850
6400

彭尚周家古宅左视图
比例：1:60

图 4-06　麻城宋埠镇彭英垸民居（上）
图 4-07　麻城市盐田河华河边村（下）

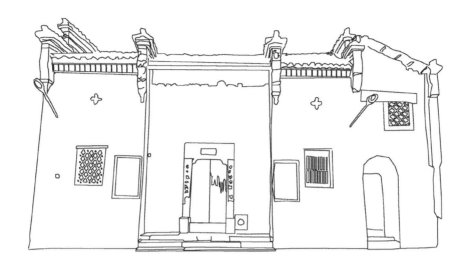

图 4-08 大冶市三溪镇清潭桥四排头民居①

法，如此被夸大，结合山墙和入口系统考虑，相比较两坡顶房屋，形式上给人的压迫感突然变大，中间的开间比两旁大，用单间来设计出槽门，上配轩顶，结合天井和堂屋，其目的是突出建筑的神性，表达对祖先的崇拜。从外观看，它令建筑更加醒目，和祭祖的坟标、坟墓周边的古柏、寺庙里的塔一样，意在吸引祭祀活动中祖先的灵魂很快寻找到自家大门。

第二节 赣北遗风: 马头墙

从鄂东民居建筑保留下的建筑造型来看，马头墙出现的频率比较低，由于

---

① 四排头房顶建筑代表四季，还有比较特别的三个洞，分布在两个厢房的上面，这样的洞，既是阁楼采光通风的必要设施，也兼顾了对外防卫的需要。小孔具有聚光能力，属于生态设计，但小动物不能由此进出。在大门的旁边另开一个狗洞，方便家禽和猫狗一类小动物的出入，可见设计师考虑周全。第四章的鄂州博物馆藏汉代义仓明器图片（图4-02），在门的右边也有一个小圆洞，推断是鄂东地区建筑中所见最早的狗洞。

没有具体统计，所以拿不出一个准确的数字。大别山的西麓，传统民居完整保留下来的民居建筑，可能10%的存量都不到，马头墙的造型建筑就更少。

皖南民居中，马头墙成为一种地域文化标志。当地的传统村落建筑，基本用马头墙这一种建筑形式。明朝弘治年间，徽州府城火患频繁，因房屋建筑多为木制结构，损失十分严重。当时的徽州知府何歆，经过深入调查研究，提出每五户人家组伍，共同出资，用砖砌成"火墙"阻止火势蔓延的构想，并以政令形式在全徽州强制推行。几个月时间，徽州城乡就建造了"火墙"数千道，有效遏制了火烧连片的问题。何歆创制的"火墙"因能有效封闭火势，阻止火灾蔓延，后人便称之为"封火墙"。这是关于封火墙肇始的比较普遍的说法，为不少皖南民居研究者所采信，也见于县志记载，但是一种建筑样式的成熟不可能一蹴而就，皖南的马头墙必是由少到多，经过不断改进而成就，作为一个知府，我认为何歆实际上应该是马头墙的推广者。

除了皖南徽派民居建筑大量运用马头墙以外，江西民居也普遍运用，东南省份也有。"他们是'黄帮'和'汉帮'，这两

图 4-09 良渚玉璧图案

个商帮控制了整个汉水流域的商业。'黄帮'的总部在黄州（黄冈），据说其成员最初是从江西迁移过来的。"①元末明初，湖广填四川，鄂东本地的大量人口迁移去了四川②，造成鄂东地区人口缺失，洪武年大量的江西人口迁徙来到鄂东，家谱记载本地80%都是从江西瓦肖坝③迁徙过来，明初这样大规模的迁徙，也引起了建筑形貌的改变，江西民居之中的马头墙移植到了鄂东的民居建筑之中。但是移植之中也有变化，江西北部民居的马头墙主要在建筑的正立面之中运用，而鄂东民居之中的马头墙还是如皖南民居一样，是在侧面山墙的部分运用。一个有趣的现象是，大别山东麓的民居建筑之中，马头墙的建筑形式比较多，且又和江西的类似，是在建筑的立面上运用马头墙，规模比江西的大，建筑更加宏伟，没有采用皖南民居中的马头墙形式。

巫鸿关于良渚文化玉璧图案的描述（图4-09），或能为探寻马头墙的起源提供线索。"一座上部有台阶通向中央高起的祭坛或'山'，祭坛上站着的一只鸟，祭坛正中的一个圆形，可能表示太阳。"④鸟是东夷的图腾，形象具有特殊

---

① （美）罗威廉：《汉口：一个中国城市的商业和社会（1786—1889）》，中国人民大学出版社，2016，第256页。转《刘氏宗谱》（1924）记载了沔阳商家的详细数据。关于黄帮和汉帮的情况，参见蔡乙青（辅卿）：《闲话汉口》，载《新生月刊》，第6卷，第1—2期。另请参阅本书第2章。
② 有人说多数是黄麻地区的人口迁去，根据罗威廉的研究，是张献忠起义军从大别山西去，带走了这里许多人，也有说是迁徙去一部分。主要是现在麻城市和红安县的人口，当时红安县还没有成立，就是说，大部分为麻城人迁徙到四川。
③ 陈世松：《大移民："湖广填四川"故乡的记忆》，四川人民出版社，2015，第7页。在"江西瓦屑坝"移民问题上，曹树基、葛剑雄根据民国《宿松县志》有关氏族迁入的记载，结合史实推测，指出瓦屑坝与明初移民有关。鉴于湖南及江西等地族谱中记载的移民史实，不仅可与《明太祖实录》或《明成祖实录》中记载的移民史实相对应，而且可与明代初年的典章制度相对应，因此，曹树基又将南方地区的明初移民视为中央政府精心组织与规划的大移民，进而得出结论称："瓦屑坝"移民是历史之真实，不是传说，更不是虚构。转自：曹树基、葛剑雄：《中国历史上的移民发源地之二：江西瓦屑坝》，《寻根》1997年第2期。曹树基：《"瓦屑坝"移民：传说还是史实》，载凌礼潮主编，《明清移民与社会变迁——"麻城孝感乡现象"学术研讨会论文集》，湖北人民出版社，2012，第33页。
④ （美）巫鸿：《中国古代艺术与建筑中的"纪念碑性"》，上海人民出版社，2017，第81页。

的含义，所以用玉、象牙和青铜来制作这样的形象，构成中央祭坛的形状。

大别山地区东西部的马头墙有很大区别，整体呈现东边多，西边少的特点。鄂东建筑的山墙造型为马头墙，正面绝少出现，江西民居的马头墙有点类似小型化的徽派马头墙，正面和侧面都有。为什么这些江西的移民，没有继承本地的建筑？大别山地区的马头墙有如下三种情况，其一是居于侧面山墙的马头墙，这样的建筑主要在鄂东地区。其二是居于鄂东民居建筑入口处的马头墙，这样的建筑为牌楼式入口，像牌坊和建筑墙面的组合，是当地最高等级建筑采用的样式。其三是正面山墙的马头墙，主要见于大别山的东部地区，具体包括湖北的英山，安徽的岳西、太湖、舒城、霍山和金寨等地，和鄂东地区的有不小的差别，从很多细节来看，大别山东部、皖南和江西北部地区的建筑，表现为一种体系下的不同建筑形式，从中可以看到建筑的相互影响及其相似性，而鄂东地区却置身其外。

鄂东地区的马头墙和皖南民居有明显的差别，皖南民居，两旁的山墙和正面都有马头墙的修建，只有后面空旷，建筑被墙体包围得十分紧密，和建筑的组合方式和建筑密度有很大关系，建筑的防火性能应该要高一些；江西民居建筑之中也普遍采用类似的马头墙形式，但要矮小很多。而鄂东地区的马头墙，多数在建筑的两侧山墙位置，且不常用，所以每当这样的建筑出现，在村庄之中也比较醒目，它不像皖南的马头墙修建得那么平直，往往组合起来有一定弧度（图4-10），微微向上翘起，在造型上不呆板，比较优美。

建筑在任何时代都是有等级分别的，鄂东民居建筑的大门分成四种等级，这几种等级的门头都是槽门的布局，建筑的入口的地方做退后设计，留出1米多的距离，具有雨棚的功能。鄂东民居的大门多数是歪门，对朝向特别讲究，我们戏称它为"歪门邪道"的设计方式。所有大门之中，四柱牌楼式的大门，是等级最高的；其次是正房双山墙内廊的大门，还有垂花式大门；最后为无装饰的槽门，一般民宅都用这种。

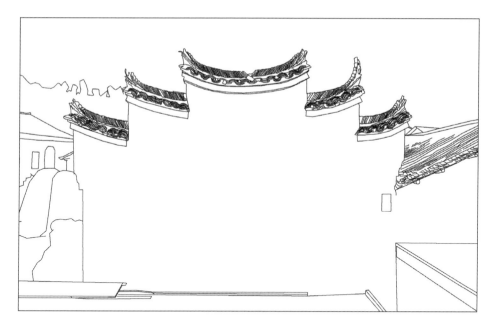

图 4-10 红安县华家河镇祝家楼村马头墙建筑

　　牌楼式大门，是牌坊的结构，一般为祠堂和寺庙之类高等级建筑采用，建筑的纪念性质很强。黄梅四祖寺的花桥，是元代建筑，它就拥有鄂东地区留存下来的最早牌楼式的大门，檐口采用密檐的设计手法，增大了顶部的飘檐，使得上部很重，起到了醒目的效果，增强建筑的重量感，满足了纪念碑性质建筑的形式需要。和后面两座祠堂门楼不同的是，这个大门不是槽门，大门是八字形平面布局。后面的陡山吴氏祠（图4-11）和五脑山帝主庙都是鄂东现存的历史经典建筑，类型相似，只是吴氏祠的门楼不光是牌楼式，而是结合"五凤楼"的界面布局方式，进一步增强了祠堂建筑的仪式感，已经到了建筑外观设计的最高等级。

　　总体而言，马头墙建筑形式，在鄂东民居建筑之中不居于主要地位，存量少，不是主流建筑形式，当地更喜欢采用湾流水的造型，我们下一节将主要探讨湾流水封火墙。

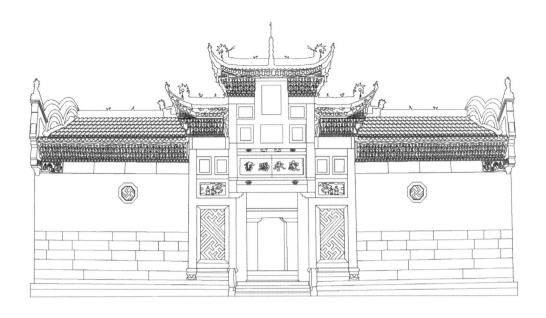

图 4-11　红安县八里镇陡山村吴氏祠

第三节　鄂东语汇：湾流水封火墙

古人在建房屋的时候，肯定会考虑天象和五行的学说，每个地域都有对照的星宿。从《天象分野图》看，楚国居于翼轸[①]；从五行来看，属于火；从鄂东房屋的山墙造型来看，它的设计肯定考虑了天象和五行因素。从6500年前的河南濮阳西水坡墓葬中，最南面三个圆圈的组合来看，各地建筑中圆弧元素较为常见，湾流水的封火墙的造型也是这种元素的运用，汉宣帝时的南岳霍山，与大别山位置相近，我们可以大胆猜测，历史上的此地民居，为呼应南方的位置，在建筑之中，有意识地运用湾流水的造型，呼应南方—圆弧元素这一方圆观念。关于明代黄州地域内民居状况的文字记载目前付诸阙如，有一则邮局驿

[①] 徐刚、王燕平：《星空帝国：中国古代星宿揭秘》，人民邮电出版社，2016，第15页。

站的记载可以反映出当时此类建筑的布局特点，"本府黄冈等一州七县，计急递铺一百零一处，每处厅屋三间，东西厢房各三间，邮亭一座，铺门一间，牌门一座，墙垣一围，桌椅什物俱全"。①从现存典籍图片资料看，到清建筑的屋顶，至少有两个特点，其一，城市的房屋比农村的结构复杂，规模要宏大，屋顶的样式变化多，具有一定的气势，而农村一般是硬山屋顶，多以平直正脊为主；其二，与清朝比较，明代当地房屋屋顶变化要少，到清朝中期以后，黄冈地区的屋顶形式逐渐增多。其发展演变的过程又可以分为三个时期，第一个时期，从弘治和万历版本的《黄冈县志》看，当时的房屋主要是硬山两坡屋顶，简洁明了，正脊和垂脊比例得当，檐口舒展自如，十分干练，农村和城市，差别不大，只在房屋的规模和是否有重檐上有所变化，其他区别较小。第二时期为清代早期，查阅康熙时的县志，有卷棚顶出现，问津阁的讲堂采用单弧悬山屋顶结构，类似建筑计有三处，同明朝比，对建筑形式变化的追求一以贯之，正脊上垒砌约40厘米的透空砖屋脊，山墙与屋顶衔接处装饰壁画，依屋顶走势而造型，这样两种形式在现保存的当地民居建筑之中特别常见，对清后期的影响比较大。第三时期为清中晚期，地区内的县志一般都保存有相当的建筑图片资料，比照这些图片资料和实物，可以看出山字型、马头墙和湾流水三种山墙的变化形式都出现，变化多端，组合自如，比清早期要丰富许多。

从空间选择上分析，湾流水的建筑山墙形式，是被选择的结果。明代以后鄂东大部分居民来自江西，"江西到湖广地区（主要指湖南、湖北）自唐代以来便已有之。研究历次移民对该地区的综合影响，首先是元末明初时期，即移民史上所说的'洪武大移民'……'洪武大移民'在湖北地区，江西籍移民依然是主流，占到了70%。再就是明朝永乐年间到明朝后期，虽然不似洪武年间猛烈，但因持续时间较长，总量也十分可观"。②为了表达故土难离的情怀，

---

① 弘治《黄州府志》卷二《风俗》，上海古籍书店，1965，第251页。
② 李晓峰、谭刚毅主编：《两湖民居》，中国建筑工业出版社，2009，第27页。

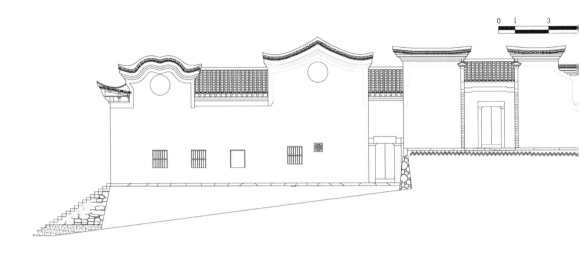

祠堂在外观上明显突出于其他房舍。除了建筑体量比较高大外，入口立面、山墙的处理都有其独特之处。最具特点的是那极富动态气势如游龙般的高高的山墙，当地人称'滚龙脊'（图4-12和图4-13），在整个村落中尤为突出。[1]在宗祠和庙宇这样高级建筑和标志建筑中，修建湾流水的造型，是祖先崇拜念的一种延续，故土难离，正是对江西的怀念，促使选择这样的造型。在调查中，我们发现，江西到现在还保留有这样造型的建筑，介于各地黄州会馆建筑样式的鄂东化，我们推测存在这样传播的可能性。

还有种说法，在考察当地的椅背的雕

图 4-12　麻城黄土岗桐枧冲王氏祠（上）

图 4-13　麻城市五脑山帝王庙（下）

---

① 李晓峰、谭刚毅主编：《两湖民居》，中国建筑工业出版社，2009，第68页。

图4-14 麻城雷氏祠屋顶结构

刻中，看到很多如意造型的云纹造型，和湾流水造型也非常接近，可能寓意一样，是吉祥图案的一种延续，这种观点也需要证实。

湖北省东部大别山脉和幕阜山脉地区，是传统民居建筑集中留存的区域，山高林密，经济发展相对江汉平原要落后不少，交通不便，村部学校的撤离合并，促使山里百姓自发迁往山外①。建筑材料运输难，建筑更新速度慢，使得数量可观的清代和民国时期建筑得以保留，其中大悟、红安、麻城（图4-14）、阳新和通山等县市保存较多，光通山县就有500栋以上的古建筑被保存下来，形成自身独特的建筑文化。

———————————

① 走访到大别山的腹地，很多地方在20世纪90年代初开通了道路，人们认识到交通的重要性，所以纷纷从山里搬迁到公路沿线居住，乃至进县城买房子，老屋留给老人居住。

鄂东地区民居建筑，由于造价高，工艺难，所以普通民宅修不起青砖墙建筑，使用土墙的达到70%，只有像祠堂、寺庙、书院和地主宅院等才用青砖墙，并且青砖墙只是在正立面和侧面用，其余墙体都用土墙①，是典型的"金包银"墙体的砌筑方法，保护了墙体避免雨水和潮气的侵袭。全土墙的建筑由于防雨的考虑，采用悬山顶，屋檐把正面墙挡住一小部分，所以也就没有必要进行挑檐，更不可能设计出密檐式外墙。青砖墙受力好，建筑常用硬山顶，在建筑正面设计上，考虑到墙体防水，挑檐出20厘米，正是如此，造就了形式丰富的挑檐设计方式，一般都是密檐式为主，在此基础上，还可以分类出枭混式、斗拱式和蝙蝠式等形式，造就了个性鲜明的鄂东地区民居建筑。

第四节 砖仿木界面: 密檐墙

鄂东地区砖仿木密檐式建筑形式，是早期佛教建筑与传统斗拱结构的混合结果的传承，这已经是共识。"目前所知最早的实例见于北朝石窟，开始形式很简单，仅由数道直线叠涩与较高的束腰组成，没有多少装饰。"②这段记载是对佛教建筑之中须弥座在中国起源的描述，鄂东地区砖仿木密檐式建筑的墙体做法和须弥座有着紧密联系，系依照这种样式的建造。所以，鄂东建筑保持

---

① 2015年12月，走访红安县华家河镇祝家楼村，该村为传统村落，遇见一位80岁的老妇，介绍道，在过去修建建筑，内部隔墙和后山墙一定要用土砖墙，要用青砖墙就不好，不吉利。虽然大别山西麓到处都是如此修建住宅，作者本人认为这是个伪命题，从建筑的角度看，两种材料的密度比都不同，连接处容易开裂，使用年限也大不同，很多级别高的祠堂还是全部用青砖修建，就可以说明，还是照顾到造价，这样修建看起来很气派，面子工程。2019年9月22日中午，走访麻城黄土岗东冲的何福珍老人，她出生在小漆园，读过6年书，22岁嫁到东冲，是位口才出众的老人，她提到"四檐青是庙"的说法，一般民宅没有人家用这样规格的建筑，前面的界面修建成青砖叫挡风墙，扎实也好看。其余地方的墙都用土砖完成，反映出来的思想还是建筑等级的观念。

② 潘谷西:《中国建筑史(第七版)》，中国建筑工业出版社，2015，第264页。

图 4-15 黄梅四祖寺唐代毗卢塔

了原生态的性质，能反映出2000多年我国早期建筑的一些特质。

鄂东大别山地区，是禅宗文化的发祥之地，禅宗文化对当地及周边有着重要影响。黄梅县四祖寺四方塔毗卢塔（图4-15），唐代古塔，为青砖塔，建筑原本为一层结构，特意设计成中间束腰结构。在屋檐和墙体的连接部分，是典型的枭混密檐结构，占了整个墙体约三分之一的高度。密檐部分又分成三个部分，中间是两层斗拱式结构，斗拱上面到屋檐是七层叠涩结构，斗拱下面有两层是彩色壁画的额坊。而最上面的小屋顶，是清代后加的建筑，由此变成现在两层屋顶结构。四祖寺还有一处重要的建筑物——风雨桥，也叫灵润桥，桥墩下面刻有"大元至正十年十一月吉日刻"①等文字，桥上两端出入口，都是八字型布局和牌楼式的界面，为大门设计的最高等级，可见此桥在整个建

---

① 全文为"石桥初刱（创）至正庚寅年（公元1350年）二月攻石，至本年十一月二十五日毕立，住持祖意募缘钞定，□化施者□名□刻于后：吉安王滔门钞三、吉安寺、东禅寺、意生寺客堂、江州陈子成□□□、本寺缘银各一锭，本邑江□□一十锭，本寺胜提□、谅提点各半锭，□提点、微提寺、严都寺、传都寺、念都寺、本都寺、沂都寺、□都寺、恭都寺、普都寺、里都寺、□造□首□□都管正持提点从缘。当代住持庭柏禅师祖意，大元至正十年十一月吉日刻"。

筑群中的地位。其墙体的设计采用佛塔的密檐式结构，有两层陶砖斗拱进行挑檐，厚度达到70厘米。风雨桥以前是进入寺庙的唯一出口，有防御的特点。

我国古代建筑中斗拱是重要构建元素，修建房屋时，把柱网布置好后，上面修建斗拱，承接屋顶的受力。斗拱的目的，就是为了屋檐能飘檐出去，使得雨水不会溅到墙上，保护柱子和墙体，而墙体随之就可以普遍运用通透灵活的木材修建，这种一味追求建筑的舒展造型，满足古代修仙的需要。五台山保留下的唐代建筑佛光寺和南禅寺，通过斗拱的抬举，飘檐很大，佛光寺达到3米多，形成一圈的廊檐。鄂东砖仿木的密檐结构，有明显的斗拱结构的影子，建筑有很大飘檐，所以，可以推断是古代斗拱发展而来无疑。

鄂东民居建筑的这种结构形式，是两种以上的文化元素的混合，它的密檐结构和古代的塔有几分相似。"在表现并点缀中国风景的重要建筑中，塔的形象之突出是莫与伦比的，从开始出现直至今日，中国塔基本上是如上文曾引述的'下为重楼，上累金盘'，也就是这两大部分中国的'重楼'与印度的窣堵坡（'金盘'）的巧妙组合。依其组合方式，中国塔可分为四大类：单层塔、多层塔、密檐塔和窣堵坡。不论其规模、形制如何，塔都是安葬佛骨或僧人之所。"[①]梁思成先生解释塔的由来，认为是中国的重楼和印度的窣堵坡相互结合的结果，密檐是塔重要的形式，带有中印混合的文化，因此，在鄂东民居建筑中，这样密檐的建筑样式，是中外文化长期交流与融合的结果。

枭混式是鄂东民居建筑里外墙设计之中运用最普遍的形式，严格意义上说，其他形式的屋檐结构，也是在枭混式基础上发展出来的。枭混式是最简单的建筑形式，具有施工方便和造价低廉的优势，一般青砖墙多运用这种砌墙的方式。

1993年，宣化发现了辽代张氏族群墓地，其中张文藻墓棺室后壁墙上的假门，运用了这种砖仿木斗拱式结构，这样的建筑形式在汉代广泛运用，在墓地

---

① 梁思成：《图像中国建筑史》，生活·读书·新知三联书店，2011，第115—116页。

的壁画之中也多次出现，比如"亭"①"祠堂"等，多数在一层斗拱结构，没有后来那么夸张，达到六七层之多。在唐代这样的建筑已经很成熟，可进行多层叠加。"与宋、辽、金时期的很多壁画墓类似，张文藻墓煞费苦心地以砖模刻仿木构建筑，创造出材料的幻视。此墓的修建者和装饰者把雕塑与绘画合而为一，用不同形状的砖组装成立柱、斗拱、椽子和假窗，再以艳丽的图案精细装饰。"②建筑界面采用这样的造型设计，同建筑之中的堂屋、天井、山墙与砖仿木形式的运用一样，都是建筑神性的表达。这些位置在建筑之中都是比较核心的，堂屋在建筑之中最重要，是祭祀的地方，承载对祖先的记忆。"受到绵绵不绝的祖先和孝道的支持，它在中国古代人的社会活动和艺术创造中保持了一个核心位置，在黄泉世界造就了变化无穷的建筑结构、图像程序和器物陈设。"③

墙体的垒砌，表达出等级观念。鄂东地区的房屋墙体，一般分为1、3、5、7和9层密檐，共5个等级。在与村民交流之中得知，他们对自己祖先留下的房屋密檐的层数特别在意，层数多，是引以为豪的一件事情。2017年，考察新县石五榜村，给我印象最深的就是这样的密檐结构，特别是最后两边靠近山墙的墀头位置的界面收口，和"绣花"一样，是精心设计与施工的密檐收口（图4-16）。

河南新县毛铺村，是个长条造型的内院村落，家家户户都串联在一个大院落系统里。"建筑外墙一般以石基清水砖墙为主。墙体近檐口处以叠涩处理，退进的入口开间常以白灰粉刷。"④这里外墙的密檐层数更夸张，达到了7层，当地村民描述到，他们祖上出过大官，一般人家是不准修建这么多层数的。确实，这里的密檐建筑在河南新县的民居中应该是首屈一指的。后来的田野调查

---

① 根据巫鸿在《黄泉下的美术》中记载，亭也是出殡的目的地，是墓地的代名词。
② （美）巫鸿：《黄泉下的美术——宏观中国古代墓葬》，生活·读书·新知三联书店，2016，第231页。
③ （美）巫鸿：《黄泉下的美术——宏观中国古代墓葬》，生活·读书·新知三联书店，2016，第241页。
④ 李晓峰、谭刚毅主编：《两湖民居》，中国建筑工业出版社，2009，第68页。

图 4-16 新县毛铺村石五垮密檐建筑山墙结构

之中，只在麻城市木子店镇的深沟李裕炳的宅子见到过9层密檐，根据当地传说：明朝末年一李姓人带领全家落难到此，见此地与世隔绝，山清水秀，便在此落户。清初，落户人口数增多，村落形成。清顺治年间，村落中一姓李名裕炳，字蔚生，小名红林的人，考中秀才，并得到皇帝接见。皇帝问："何许人也？"李裕炳答："深沟。"皇帝说："你是红林落深沟。"故此，深沟之名一直保持到现在。[①]这段当地流传甚广的传说，道出了建筑的不平凡，正是在

---

① 资料来源龙门河传统村落的申报规划书，第18页。

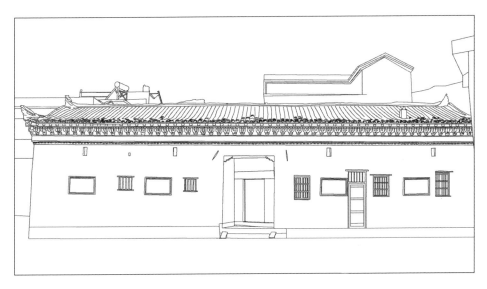

图 4-17　木子店镇邱家档村大屋立面

皇帝的允许下，李裕炳才修建了9层密檐式的山墙。在木子店镇旁边的邱家档村（图4-17），我们还见到了在屋檐直接做出"一斗三升"中国建筑早期造型，建筑的神性特征和外观的冲击力被大大加强了。

一般民宅等级再高，也超越不了祠堂和庙宇等建筑，黄梅县五祖寺的麻城殿（图4-18），是我们调研中所见密檐式建筑中层数最多的建筑，层数远超民宅建筑，是其3倍之多。首先建筑的密檐式是双层结构，重檐结构在民宅之中是不被允许的，而麻城殿每层都达到十几层之多，合计起来有二十七八层。寺庙建筑山墙造型的密檐层数多，出檐尺度大，人站在建筑前或走在巷道里，压迫感就很强，敬畏之心油然而生。

砖仿木的密檐建筑样式要追溯其源头，难度很大，它什么时候在鄂东的民居建筑之中被使用，也难有确切的答案。大体上，汉代已开始推广这种样式，这在现存的遗址或文物之中还有踪迹可寻。譬如，出土的画像砖和明器里就能清楚看出具体结构。到了唐代，这样的建筑形式已经非常成熟，鄂东地区已经

图4-18　黄梅县五祖寺密檐建筑（上）

图4-19　四祖寺元代建筑花桥（下）

有了建筑实例，麻城市的柏子塔、红安县的桃花塔都是密檐结构。此后，北宋的黄梅高塔寺塔，以及四祖寺的元代建筑花桥（图4-19），都是这样建筑形式的存在，所以我们可以推断，砖仿木这样的建筑，至迟在唐代就在鄂东地区的民居建筑之中有体现。

第五节 小结

表象上看，马头墙和山字顶在民宅比较常见，而弧线湾流水的山墙造型，一般都是用在祭祀建筑之中。所以当你在鄂东地区看到了造型复杂和后弧线圆圈的前排山墙建筑，就可以断定是宗教与祭祀建筑。建筑的造型和其服务功能是密切相关的，满足功能的同时，也能充分表达精神价值。

探究鄂东地区民居建筑气质的深层原因，不得不考虑下面这个因素。当地历来是道家兴盛之地，其中的麻城五脑山，是麻姑得道升仙的地方，现在还保留有麻姑仙洞，旁边是帝王庙道场，麻城也因此得名。而红安县原名黄安，是典型的黄老学说的传承之地，其北面有老君山，传说太上老君在此炼丹，罗田的王道山和英山的南武当山，也都是重要的道教圣地。武汉北部的黄陂木兰山，有著名的道场玉皇阁，从隋代修建至今，曾经有七宫八观三十六殿。所以整个区域内有浓厚的宗教氛围，大别山地区在汉武帝的时候就是南岳位置，求仙修道的精神追求，对建筑的气质不可能不产生影响。

鄂东建筑的夸张造型，丝毫不弱于其他地区民居建筑形式，苦于没有大力宣传，一直默默无闻，建筑在全国的影响力很小。"潜在于个人观念与外在世界之中的形式的易变性，启发了汉器上地貌的设计。比如西汉博山炉盖，通常饰以动物形体与地理景观交织的镂雕纹带。燃香时产生的袅袅青烟便从视觉上呼应了镂雕纹带流畅的动势，以至于两者可以被视作相互仿效。此中生出了一种引人入胜的效果，或者说触发了一种催眠般的感知状态。香薰的迷离使观者如同置身于幻境与魔咒之中——山化作虎或虎化作为山——只见万物趋化，遗物忘形。"[1]鄂东民居建筑在屋顶、戗角和门头等造型上，不断高升和夸大，于是乎非常醒目，想让每一个人过目不忘，其目的很明确，就是强化建筑神性，让人通过建筑和神、祖先的一种交流，畅情适志。

"马克斯·韦伯将中国人的思想描述成一种被蛊惑的世界观，在这种世界观里，超自然的和尘世的思想自由地相互影响。魏斐德则认为中国人的思想，不论是精英文化还是大众文化，都同属一个整体。理性并没有摆脱巫术与迷信，两者都属于人类解释和改造世界的手段。葛学溥（Daniel Kulp）指导学生对广东省潮州凤凰村进行社会学调查，发现人的信仰很容易综合这些观点。他认识到：'除了人与人之间结成的社会关系外，还存在信仰寄宿于自然物中的灵魂的自然崇拜共同体，崇拜祖先灵魂的精神共同体，以及崇拜民间英雄与圣人等历史人物的精神共同体。灵魂与神灵被理解为是通过巫术道具与仪式对人类命运有益的东西。'凤凰乡民向果园祈祷，希望能够获得丰收，而船夫则努力使风神、雨神、河神满足……运用负责的方法和技巧来预测神的意图构成风水学和占卜术这些在整个中国都普遍流行的东西。"[2]通过这些专家的见解，结合鄂东民居建筑的特性，可以看出民间认识与信仰对建筑的影响是全方位的，它"真诚"融入到建筑的选址、营建之中，是一种文化自觉。

---

① （美）吴欣主编，（英）柯律格、（美）包华石、汪悦进等著：《山水之境：中国文化中的风景园林》，生活·读书·新知三联书店，2015，第52页。

② （美）蒲乐安：《骆驼王的故事：清末民变研究》，刘平译，商务印书馆，2014，第140—141页。

第五章

生土：知性善任的本地材料

在交通不发达的地区，人们为什么还要选择偏僻的位置去营造住宅，特别是大别山腹地，生活极为不便，这样的选择好处在哪里？"早期移居到华中、华南交界之高地与位于汉水流域西北部的开垦者通常实行轮耕。他们将树砍下，作为木材或木炭卖出，将余留的植被焚烧作为肥料，之后再前往邻近区域进行下一个种植季。这样的'刀耕火种'与其他形式的山居谋生方式，让这些居住在高地的先民与其平地邻居有相当清楚的分别，尽管他们之间有密切的往来。这些人被称为'棚民'，因为他们身上背着可展开为临时遮蔽的棚帐。"①在偏远地区居住，能得到政府的扶持。在明朝初年，为开发山区，对新开辟的耕地，政府不征额外赋税，这样的优惠政策是带动当地发展的重要因素。棚民在山区的开发中，起到了很大作用，新的研究表明，这些棚民很可能是来自南方的客家人和畲族人，他们长期生活在山区，对山区开发拥有丰富的经验，是山区开发的生力军。

在更早的时期，宗教的传播在山区开发上也起了一定作用，佛教、道教，以及其他的民间宗教，他们选择天下名山，广布道场，带来大量的资金和人力，客观上带动了山区的开发。"但谢和耐疑惑的是为什么政府会将这个任务托付给佛教寺院——在边疆地区进行垦殖和发展农业，通常这应该是由政府亲自来主持的。他认为'这种权力的转移具有多种因素'，而其中有一条，'建

---

① （美）罗威廉：《最后的中华帝国：大清》，中信出版社，2016，第84页。

立屯田和垦殖需要巨额资金，而当时的（佛教）寺院由于正处于宗教信仰的高潮中变得非常富有，所以拥有购买耕畜、农具和各种设备所必需的资金'。"①上述引文所提及的宗教机构介入边疆垦殖的这种现象，在山区开发中也存在着。当然，在空间不断拓展的过程之中，其中隐含的经济价值，一定会被充分认识到，有利可图，更促进了对山区的开垦。"今汉沔、淮颍上，率多创开荒地，当年多种芝麻等种，有收至盈溢仓箱速富者……谚云'坐贾行商，不如开荒'。"②到了明朝，原产美洲的玉米、土豆、烟草和红薯等特别适合在山地生长的物种，更助力了大别山区开发，对当地农业发展有着划时代意义。山地与水田的综合开垦，是山区发展常见模式。鄂东的"山区开垦专家"们，能够在丘陵定居并对其进行改造，也得益于市场体系和16世纪早期以来农作物的引进。③"湖北西部施南府称'乡民居高者恃包谷为正粮，居下者恃甘薯为接济正粮……郡中最高之山，地气苦寒，居民多种洋芋'。在城周围土地肥沃的地方进行稻作，稍高的地带种玉米，地形稍低的地方以甘薯为正粮，而温度低的高山地带种土豆。郧阳府中稻作农业最发达的房县平时被称为'裕米之乡'，但近城地带种稻，浅山地里种包谷、深山中多种土豆为食用。"④鄂东山区的种植和鄂西应该没有太大的区别，物种的引进，解决了山民的生存问题。目前在大别山腹地保留下来的这些村落，应该就是从明代开始，在开发山区的过程之中慢慢形成聚落的。在明朝初年，加大对汉水和长江流域的控制，进一步开发大别山地区，朱元璋在湖北设立屯田的卫所，招募更多的江西移民来此开垦农田，同

---

① （美）马立博：《中国环境史：从史前到现代》，关永强、高丽洁译，中国人民大学出版社，2015，第179页。转自：Ibid,102.中译本见谢和耐：《中国5—10世纪的寺院经济》，第130页。

② （元）王祯：《王祯农书（上）》，湖南科学技术出版社，2014，第68页。

③ （美）马立博：《中国环境史：从史前到现代》，关永强、高丽洁译，中国人民大学出版社，2015，第225页。

④ （韩）田炯权：《中国近代社会经济史研究——义田地主和生产关系》，中国社会科学出版社，1997，第184页。

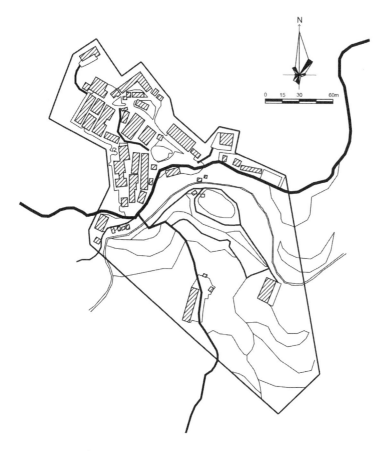

图 5-01 麻城市木子店镇张家山平面图

时，农田水利设施的建设也得到了积大的重视，根据魏丕信的研究，仅1394年冬天，湖北就共建造了40987座堰塘、4162条河和5418个陂渠堤岸。[1]

2017年初，我们调查麻城市木子店镇的张家山（图5-01）传统村落，通往村里的道路十分难走，如果从县城徒步到村子，需要2天才走到。那么，六七百年前，是什么原因促使当时的人们选择在这交通如此不便的地方定居

---

[1] （美）马立博：《中国环境史：从史前到现代》，关永强、高丽洁译，中国人民大学出版社，2015，第271页。转自：Will，"State Intervention，" 308—309。中译本见陈锋主编：《明清以来长江流域社会发展史论》，620页。

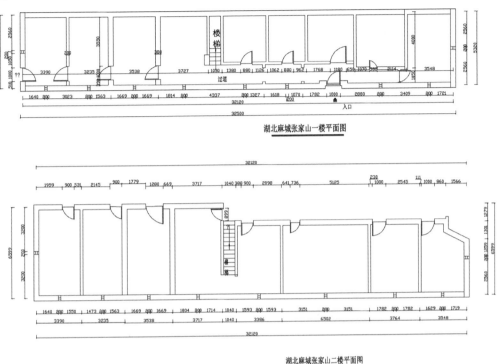

湖北麻城张家山一楼平面图

湖北麻城张家山二楼平面图

图 5-02 张家山大屋平面图

呢？答案还是要从明朝以后的移民，与对山区的不断开垦中去寻找，平原地区已经没有空间了，作为外来移民，只有到山区来寻找生存空间。

历史上，张家山村（图5-02和图5-03）位于麻城通往安徽的官道旁，张家的先祖是生意人，路过这里时，看中了这块位于官道旁的地方，在此落脚定居。但道路陡峭，营建所需材料的运输绝不是一件容易的事情，海拔超过500多米的陡山深处，连取土的路程都很远，修建房屋的难度超大。建筑营造只有采用就地取材的办法。

就地取材是古代获取建筑材料的普遍方法，"从出土的吴国青瓷院落明

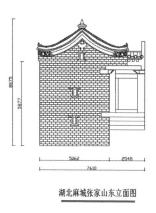

湖北麻城张家山东立面图

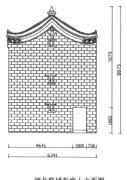

湖北麻城张家山立面图

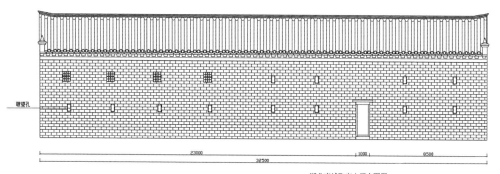

湖北麻城张家山正立面图

图 5-03 张家山大屋立面图

器看，当时江南的大第宅也是木结构土墙建成的土木混合结构建筑。"①大别山的地区，最多的就是石头、泥土、木材、茅草和竹子等，人们在建造的过程之中，不断总结经验，选择这些材料，采用与之相适应的技术，修建具有本地特色的建筑。"文明初始期的华夏重大建筑之所以选择了土木相结合的'茅茨土阶'的构筑方式，主要是因袭了原始建筑土木结合的技术传统。这种因袭，意味着与自然环境因子相关的黄土地质要素，黄土地区的半干燥气候要素，与

① 傅熹年:《中国科学技术史(建筑卷)》,科学出版社,2008,第229页。引文的建筑同鄂州博物馆的青瓷仓廪院落基本类似,见图(5-11)。

材料技术因子相关的取之不尽的土材资源要素，可就地采伐的乔木资源要素，长期积累的木构技术要素，突破性进展的夯土技术要素，奴隶制带来的大量奴隶集中劳动的因素等，都是综合推力中的重要因素。"[1] "土料多用作土坯砖墙或做砖包上的墙体。土坯墙是豫南民居中最常见的方式，无论是村落中的普通民居，还是城镇中的富商民居，房屋建筑中都有用到土坯。土坯的主要原料为黏土，获取方便，成本也较低，制作方法较为简单：取土—和泥—装模—脱模—晾干待用。如豫南地区土墙村落，豫南南部地区的外围护墙，北侧多为砖包土的墙体，南侧下部多用砖石，二层用木板壁，内用木板壁墙或土墙；豫南北部地区村落中的富裕阶层多用砖石做围护材料。"[2]人类赖以生存的环境之中，土的因素最重要，是万物产出的平台。"许慎注'土'字，说是'吐'的意思，并解释说：'地之吐，生万物者也。'可见也把土地看作地上生灵的始祖。他的注释在人们脑海中唤起一幅图景：大地吐气，产生了地上成群的动物和植物。"[3]泥土是一切发展的基础，我们的建筑正是依托泥土为基础，经过组合搭配，衍生了丰富多彩的形式。鄂东民居的生土建筑也是如此。

"在中国文化里，建筑并没有客观存在的价值；它的存在，完全是为了完成主人的使命。除了居住的功能外，建筑是一些符号，代表了生命的期望……所以建筑的造型不必求其独特，也不必求其永恒，所以中国人没有发展出石头的建筑。建筑与人生一样是有其寿命的，它随着主人的生命节拍而存在。"[4]鄂东建筑的建造，沿袭的是建筑与自然，建筑和人的和谐，建筑的材料，主要是生土和清水砖，都是当地易得的材料。"房屋多是土木结构，无窗户，不透

① 侯幼彬：《中国建筑美学》，中国建筑工业出版社，2009，第9页。

② 郭瑞民主编：《豫南民居》，东南大学出版社，2011，第78页。

③ （英）胡司德著，蓝旭译：《古代中国的动物与灵异》，江苏人民出版社，2016，第133页。转自：《说文解字注》第十三篇下。"土气"一词，见《国语》卷一《周语上》，第15页；卷十八《楚语下》，第567页。"土气"可以指气候，见《后汉书》卷八十六，第2858页。

④ （台湾）汉宝德：《中国建筑文化讲座》，生活·读书·新知三联书店，2006，第27页。

风。其规模多是一向三间或大五间，少数人家围有土砖院墙，也有栽'刺梅条'扎堑作院。豪富人家住青砖花（青砖墙上画有着色人物等画），上正下厅，一栋数间。最为突出的是铁门岗乡唐郁埢大地主唐乘兴有易屋48栋，屋连屋，屋屋相通，出进走总门。花园、水井皆有。"[1]这段记载，描述了解放前鄂东铁门岗乡的建筑状况，从中可以一窥鄂东建筑的原有技艺和风貌。

第一节 本真: 亲切的嘱托

匠人对材料的态度有两个重要的原则，其一是就地取材，这主要受当时的社会、经济、生产力、生活习惯和观念等因素的制约，从而形成了建筑的地域特色。其二是可循环利用，绝少浪费。取用有度，尽量不破坏自然环境，是人类生生不息，得以不断延续的根本法则。当地祠堂里常见的"源远流长"匾额，某种程度上是这种生存智慧的写照。所以汉宝德指出，我们国家的建筑不追求永生，只是"生命"的一种轮回。这是在建立师徒关系之后，师傅交给徒弟的常见的两个原则。

我们再看鄂东传统建筑的施工主体——匠人，他们对待手艺和他人的态度，能有助于我们更好地了解鄂东建筑。每次采访当地匠人，他们普遍反映，拜师学艺，主要靠自己不断去体悟。木匠王寅成说，在学徒的时候，明天要做的活计，师傅头天告诉口诀，甚至连家具名称都不告诉，需要学徒自己去悟。"高度三尺三，上口三寸半"——就是简单的洗脸架，他也是在观察房间的家具还缺少什么后才想到的。他还提到："那时候和现在完全是两码事，现在人做事完全是看钱，像我请来的雕匠师傅（木雕师傅），他不但技术好，人品还好，职业道德好，从来不掺假。再一个我们大冶请的田师傅，那木工，像

---

① 铁门岗区志办公室编：《铁门岗区志（内部发行）》，黄冈县新华印刷厂印刷，1987，第196页。

这样有道德的、有传统手艺的师傅很少了，现在的手艺人都是边做手艺边做生意。"①

认真负责的师傅也有，石匠熊新良说："（我学）石匠从20多岁开始，师傅是在那个工程（麻城市龟山镇20世纪80年代修建水库的工程）上，修那个水库，搭架子，打规格石（条石）。首先是安徽人在这里承包，他那人少了（几个安徽人都是石匠师傅）。还没有搞责任制，即将要搞责任制前，他们有十几个人，专门修大工程，（整个工地）好多人，没有告诉我口诀和风俗讲究，他只告诉我这个石头缝，好比这个石头，要看这个纹，原来打石眼錾开，现在用那个夹片，性质也是一样；好比这个石头，没有生纹，你把眼一打，就碎了。你看这个石头，生纹了，你稍微一打就开了，不必打眼了。以前还搞石条，大门石，雕花也有，这里也有石头打花的，我也雕过花，在下面（熊家铺村部）看图形（学习雕刻好的图案），花首先用笔画图形，有牡丹、有打那个万字的、再有打那个寿字的，我打得到，打过好几种，原来有师傅打过，打的时候慢一点，不要把雕花碰掉。打碰掉花不好看。"②

从上面两位匠人的叙述中可以发现，在传统的师徒传授体制中，对学徒人品的看重和待人接物的训练，可能还要高于对技术的要求。雷金礼是麻城市盐田河镇雷士祠人，今年60岁（2019年），在修缮桐枧冲王氏祠现场，每次吃饭的时候，只夹一点菜，就到旁边吃饭去了，从不上桌。③据说，这是秉承他师傅当年对他的最教诲，做活中隐含做人的道理——什么时候都要保持谦卑的态度，无论是对事还是对物。

---

① 2019年9月22日，在麻城桐枧冲王氏祠修缮现场对王寅成(68岁，16岁开始学徒)老木匠和雷金礼的采访，只对口语部分和其他当地方言稍加改动，大部分为原话，原观点。
② 2020年5月23日，在麻城市龟山镇熊家铺传统村落的工地，采访熊新良，他1968年出生，52岁，是熊家铺本村的石匠。中间口语部分和其他当地方言稍加改动，大部分为原话，原观点。
③ 2019年9月22日，在麻城桐枧冲王氏祠修缮现场对王寅成(68岁，16岁开始学徒)老木匠和雷金礼的采访，只对口语部分和其他当地方言稍加改动，大部分为原话，原观点。

标准：砖上的文字

砖块，是建筑中最普通的材料，有的砖块上印刻有文字，骤然就有了某种文化价值，实现了华丽转身。按照麻城市闵集镇制砖老师傅董友诚的说法，制瓦烧窑的人觉得将来这些东西要顶天立地的。他说20世纪中叶大集体的时代，经常从池塘里挑肥，偶然捡到一块砖，一看就是放置很久，但还很光洁扎实，说明烧制时质量要求很高，只有有责任心的人才能制造出如此高质量的产品。烧制一块高质量的砖，首先要选择合适的土，古人虽然就近取材，但还是要分清土性，沙土和粘土各有特点，在制作的时候就要区别，一般带一定沙的土好制作，完全的粘土必须阴干。其次，从取土算起，要进过两次暴晒和一次火烧，才出成品。如此反复，达到精益求精的程度。带有文字的墙砖，在建筑中

户主	砖尺寸	材料（青砖或土砖）	开间	创造方式(购买或自制)	调研时间	地点
西河村使馆	160*290*60	土砖	2	自制，后重新翻修	20190618	河南新县西河村
张某某	285-170-70	土砖	2	自制	20190618	河南新县西河村
张雁福	10-160-220	土砖	2	自制，100多年	20190618	河南新县西河村
彭酒	330-100	土砖	1	自制，400多年	20190618	河南新县毛铺村
彭某某	370*160	土砖	1	自制	20190618	河南新县毛铺村
彭某某	300*160	土砖	2	自制	20190618	河南新县毛铺村
李某某	260*170	土砖	2	自制	20190618	河南新县丁李湾
李某某	270*400	土砖	2	自制	20190618	河南新县丁李湾
李某某	450*260	土砖	2	自制	20190618	河南新县丁李湾
吴某某	450*180*300	土砖	2	自制	20190619	湖北红安陡山村
吴某某	100*90	土砖	2	自制	20190619	湖北红安陡山村
吴某某	330*140	土砖	2	自制	20190619	湖北红安陡山村
吴某某		土砖	3	自制	20190619	湖北红安祝家楼
吴某某		土砖	3	自制	20190619	湖北红安祝家楼
吴某某		土砖	3	自制	20190619	湖北红安祝家楼

图 5-04 鄂东一般建筑门头调研统计表 [①]

————————

[①] 2019年6月中旬，在专业认知实践周的过程中，王丹带领学生胡梦田、张帆、石培，先后调查河南新县西河湾，红安八里镇陡山吴氏祠和华家河镇祝家楼的传统村落，得出以上实数据。

都是承载力量的，但文字使之拥有了其他砖不同的社会价值。

砖块的技术参数和标准（图5-04），也能反映出建筑的礼制和行规。

董友诚制说，户主对烧窑师傅一般都很尊敬，吃饭时，烧窑的师傅坐饭桌左边（最重要的位置），博士（木匠）坐（右边，次一级位置），其他工匠上下随便坐。他还说到有一次帮人烧窑，正准备吃饭的时候，来了三个要饭的，董友诚正准备把饭菜分一点给要饭的吃。主家连忙重新准备了饭菜给要饭的。在进行烧窑建房这样的大事时，主家一般都乐善好施，以求诸事顺遂，是一种民间最常见的福报思想。那天那一窑果然大获成功，基本没有什么坏的，于是，主家又多奖励他三担柴。

古代在砖模上刻有字，各个时期都有，譬如城墙砖就有。这被解释为古代质量监督制度的一种体现，根据刻字可以找到具体的烧制者，也就是现在说的责任人。但董友诚老人认为，敢刻字正是对砖质量自信的表现，无需监督。所以，这些文字有品牌意识，也是自身价值的认可。

其实，在鄂东地区的民居建筑中，大部分的砖墙都不带文字，是十分朴实的建筑形态呈现。"豫南民居与鄂东、鄂北民居建筑形式的相似性较多，这是由地域的邻近和地貌的相似决定的。如建筑用材相似，多砖木结构，色彩简单，很少像徽州民居涂抹白灰，而多以自然朴素的清水砖墙示人，朴素凝练，与山地整体环境相宜。"[1]带文字的墙砖，隐含有很多的意思，包括上面的工程的监督和匠人的自信，甚至更要体现出身份识别，高等级建筑是一类阶层的专享，是家族在社会地位的体现，所以这样带文字的墙砖在红安八里镇吴氏祠、麻城黄土岗镇桐枧冲王氏祠、盐田河雷氏祠和宋埠镇的范氏祠都普遍存在。"宋埠地区建筑材料，一直出自木、泥工之手，多是砖木结构平房。寺院、会馆、殿台等庭院楼阁讲究木雕、石雕，柱、梁、榫头多雕成鳌鱼、蝙

---

① 郭瑞民主编:《豫南民居》，东南大学出版社，2011，第92页。

图 5-05　带文字的吴氏祠墙面

蝠、龙首、麒麟之类，檐、窗、栏杆多雕空镂花，图案各异。屋顶多为多角板爪，盖以琉璃色瓦。有名的戏楼、会馆、书院、寺庙中的雕花、镂花、刻字、翘首的龙头、狮身都是以优质烧砖、石头、木材为基本材料精雕细刻而成。"[1]可以说，高等级建筑的建造，是不惜成本的。红安县椿树店村的程家下垸，有一户人家的山墙上用了以前一个药局建筑中的砖，询问之，户主也不清楚是怎么回事。我猜测这应该是解放之后，在房屋改造的过程中，把以前带有药局的专用砖拿来重新使用，否则，民宅在过去是绝对不被允许，至于像家族的祠堂（图5-05）、庙宇、衙署和城墙等建筑中有文字的砖，更是不能被普通民宅随意挪用，那有僭越之嫌。

　　除了砖块上的刻字，鄂东民居中匾额、雕刻和装饰挂画等处的文字，教育意义十分明显。"（民居建筑）作为一种文化载体，它所反映的民族性、地方

<hr />

① 麻城市宋埠镇地方志编纂办公室编：《宋埠镇志（内部发行）》，黄冈日报印刷厂印刷，1989，第133页。

性十分明显，对当地自然条件和资源种类极为敏感，对主人的社会地位、经济能力以及审美情趣等表现得最为直接。民居建筑是儒家文化精神气质的写照。中国传统文化的核心是儒家文化。儒家思想倡导的人格修养精神、礼乐仁政、天人合一等文化思想，与建筑艺术紧密结合，形成了我国传统民居建筑特有的文化意象与情趣。随着物质文明和精神文明的提高，人民必然深刻认识到地方传统文化的可贵之处。"①祠堂很多时候就是学堂，在文化和功能上满足了教育的基本要求，加之整个鄂东地区，书院教育在明清时期一直都很繁盛，"鄂东黄州府有两大优势：一是自明清以来黄州府的书院数量居全省第一，进士人数也居全省第一，文风兴盛。第二个优势是鄂东书院改革坚持中西文化结合。明清两代书院的数量与进士人数成正比，虽然进士与人才并不能完全划等号，但在科举时代一地进士的多少在某种程度上代表了该地人才的盛衰。"②"中国文字源远流长，博大精深。文字装饰题材是宗祠建筑装饰必不可少的表现手法，蕴藏着丰富的文化内涵。"③由此，我们也不难理解为什么文字砖在祠堂和一般民宅中反复出现了。

技艺：师傅的教诲

当时的匠人，工具都是自己制作，学手艺，先从学习制作工具开始。一定要有师傅的教诲，要不熊新良是很难掌握石匠这门手艺，所用工具都得自己打制，关键是打制錾子时对火候的控制。"有师傅教，要不见火，錾子打歪了，晚上要见火，火大了錾子断了，火小了錾子粉掉了，白天打歪了，不锋（利），就慢。大工地里要制造一个打铁一样的炉子，自己下，自己镶，用风箱和煤炭加

---

① 郭瑞民主编：《豫南民居》，东南大学出版社，2011，第103页。
② 方正、陈志平：《晚清民国鄂东多文化巨子的历史人类学考察》，《江汉论坛》，2017年第12期。
③ 高占宽、冷先平：《明清鄂东南宗祠建筑装饰文化象征性研究——以咸宁市焦氏宗祠为例》，《城市建筑》，2019年第28期。

热。"①这样的技艺只有师傅谆谆教诲，才能在不断的实践之中掌握。

"椿树（臭椿）不能做横条（椽子），不能做桌椅板凳，以前不知是什么皇帝封它为树王，别人做梁，用香椿树做是好的，门槛啊，地下踩的，坐的，都不行。有这样口诀，头不顶梓（不做梁），梓树不能放在上面，不能做桌椅板凳，不能做农村床亭（踏板），就是那个老式架子床上，那个上下的踏板，椿树（臭椿）不能做，这是师傅教的。头不顶梓，脚不踏椿，这是几多年（许多年）传下来的顺口溜。"②树木有性质和纹理的差别，但香椿和臭椿从材质上看，没有大区别，如此被人为区别对待，折射出的是民间文化。

臭椿不能上屋顶，而香椿被誉为"树王"，并挂靠皇帝的声名，同一木性的树木，待遇天壤之别。屋顶和床，在建筑和家具中地位重要，屋顶甚至在一段时间内，还被誉为"神仙的居所"，所以其用材自然不会用臭椿。

"床也是一样，当地卧室家具中，最主要的装饰部分集中于床的门围，新婚夫妇的床多数采用'十八斗'的图案形式，其寓意取自'二九一十八'中'九'字，希望夫妻关系天长地久；也有把门围的造型做成双喜抽象造型的，用小木格栅拼接成'喜'字，表达出喜庆之意；还有少数对门围子和床架檐口进行整块雕刻的做法，多雕刻成牡丹，取花开富贵之意。这一做法也用在五斗柜的四面雕刻上，其余基本不雕刻。整个家居都设计成朱红色，加上红色的床上用品，以及床架的檐口部分布置上龙凤呈祥的红色绸幔，营造出婚房的喜庆氛围。"③同建筑之中的屋顶一样，床被加上帷帐，也是被"建筑"化，这样的帷帐，曾经也是通往神国世界的驿站，特别很多墓穴里，设置这样带床的场景，棺椁也有棺床，设置这样有帷帐，床因此也不单只满足睡觉的功能。自

---

① 2020年5月23日，在麻城市龟山镇熊家铺传统村落的工地，采访熊新良，他1968年出生，57岁，是熊家铺本村的石匠。中间口语部分和其他当地方言稍加改动，大部分为原话，原观点。
② 2019年9月22日，总结对王寅成（68岁，16岁开始学徒）老木匠和雷金礼的采访，位置在麻城桐枧冲王氏祠修缮现场，中间口语部分和其他当地方言稍加改动，大部分为原话，原观点。
③ 甄新生、王丹：《皖西水圩民居》，湖南人民出版社，2016，第120页。

然，造床所选择的材料，要很慎重地选择，也是通神的媒介。

"我们做木头，老师傅的传统，寸木不可倒用（按照树木生长的朝向来安排器物的结构，树结疤不能朝外），上头朝上，不能朝下，传统柜子的打制，要按照树木生长的朝向制造。"[1]在木材的利用中，最基本是追求美化，要把木材最美好的一面展现给大家，把树结疤朝里。还有个要求，就是在建造家具的时候，一定要按照木材生长的方向，来布置家具结构，所谓顺应物理。木材转变成器物，家具也被赋予了生命，是具有"生命"的器物。正是基于这样的认识，家具选材不可不慎。

石匠王德生，年近八旬，还在修砌驳岸，作为老一辈匠人，和相对年轻的石匠熊新良之间，就有很大区别，他传承不少过去的传统和工艺。访谈中，王德生告诉我们，过去，石匠是屋基的修建人，在风水观念下，对屋基和屋顶的高度，都有特别的要求。"我没有（外请）师傅，我有一个伯，是堂匠（石匠）出身，我的祖父，是自家师傅，叫门内师，不是外请师傅。这个祠堂（麻城市黄土岗镇桐枧冲王氏祠）上一段的岸就是我做的，一般人做不下来。这是我的弟弟，他做雕刻，你像这些岸，你做细一点，那就来得慢，粗糙一点就快。这个石头，光是丑石头，怎么做的好料。那个长石条，好比面坎（台阶），你要拿去印（丈量），大多数18公分厚、16公分厚、20公分厚。20公分就欺人（台阶高度大了），16公分厚老少人不欺，那就矮一些。石头做好一点，讲究个人名誉，就讲究这（对个人名誉的维护）。柱子好比5.3米，底座要打水平线，柱子那个凹口要垫平，你这说明，不能西边高，矮一个，矮了反面倒斜，不好看，要一致。这个祠堂7间屋，西手高，东手低，水朝东淌，不能深水潭，屋基左右高差相隔最起码10公分、8公分（祠堂依据水流朝向，西边比东边高10厘米）。你做住家，排3间屋，东手低，西手高，西边高2公分（屋

---

① 2019年9月22日，对老木匠雷金礼的采访，地点在麻城桐枧冲王氏祠修缮现场。中间口语部分和其他当地方言稍加改动，大部分为原话，原观点。

基的西边比东边高2厘米），讲究水朝东淌。还有好比这个祠堂，2尺7寸的水（三角形对边的高度，决定屋顶的坡度），说明这个坡度要陡一些，住家盖瓦，就2尺4寸，决定分水。一般祠堂、庙观还要高一些，哪怕要2尺9寸，有的还不止，为什么呢这个事，这讲究个神气，那个水就是敬了神。"[①]王德生在描述台阶的时候，具备朴素的人体工程学的观念，16厘米高度的台阶，是老少皆宜的黄金尺寸，比我们在建筑制图中公共建筑一般要求的15厘米还要科学。所以，建筑不单单是工程，是经验与科学相互结合。匠人们，在对技术追求的同时，在乡村社会，对个人名誉的维护更显得重要，成为乡村社会自我管理的自觉行为。

第二节 礼节: 尊崇

"生土建筑，是人类使用历史最为悠久、分布地域最为广阔的建筑类型，也是中国传统建筑文化发展体系的主要根源。'据估计世界上超过30%的人口居住在泥土（主要是土坯）建筑中'，而且中国的生土建筑遍布于大江南北，有数以千万计的生土建筑的居民还在继续生活着。"[②]鄂东地区的生土建筑类型独特，是一种土坯建筑，不是夯筑而成，而利用稻田的泥土，压制或翻模制成。当生土围合起以居住为目的的空间之后，生土已经发生了质的变化。

精神的归途: 土房

单从建筑用材的发展来看，我国建筑可以分成泥土时代、大木构架时代和

---

① 2019年2月12日下午，访谈王德生，麻城黄土岗桐枧冲人，采访地点在桐枧冲村南边，通往茯苓寨方向的板栗林，当时有7位师傅在一起做驳岸。中间口语部分和其他当地方言稍加改动，大部分为原话，原观点。
② 王晓华:《生土建筑的生命机制》，中国建筑工业出版社，2010，第14页。

青砖时代，每个时代都有自身发展的独特特点，各个时期的侧重点不同，在技术和建筑表现上都有很大区别。在泥土建筑的时代，生土建筑应该是最早的建筑形式，具有材料易得，修建的技术难度小，造价低廉等特点，使之成为被运用最广泛的建筑材料，不光我国，世界各地运用都很普遍。"在苗圃北地铸铜遗址发掘了一座大型房子，面积约328×4米，下有夯土台基，四周夯筑黄土围墙。在房基内出土有泥范和坩埚残片。由于平地建筑和夯土建筑常常与地位较高的人联系在一起，因此，有人推测青铜器制作者，或者至少是他们中地位较高者，享有代表上层阶级的这一夯土建筑。"①我们国家的先人在运用夯土建筑之中，技术慢慢总结，直到现在已经很成熟，可以修建大型建筑比如长城和宫殿，也被民间广泛采用，在民居建筑之中广泛运用到这样的建筑材料。

"喜龙士[Siren]曾对中国的传统墙作了图解说明，凡是了解中国的人，都会认为他所做的说明是正确的。他写道：墙，墙，还是墙，它们形成了每个中国城市的构架。它们围绕着城市，把城市划分成地区和院落，它们比任何其他构筑物都更能显示出中国社会的基本特征。在中国，没有哪一个真正的城市是不用城墙围起来的，这一点的确可以从中文中全都用同一个'城'字来表示的这一事实中表现出来，不论是一个城市或者一座城墙。压根就没有不带城墙的城，一座不带城墙的城市，就像一幢不带屋顶的房屋那样，同样是不可思议的。不仅省城或其他大城市有城墙，每个市镇，甚至小镇和村庄也都有墙。在华北几乎任何一个村庄，不论其大小或年代远近，都至少有一座土墙或土墙的残壁围绕着房屋和马厩。不论这个地方是多么贫穷和不引人注意，不论那些泥屋是如何简陋，庙宇是多么残破，塌陷的道路是多么肮脏和坑坑洼洼，墙仍然坚立在那里，并且总是比其他构筑物保存得好。在中国西北的许多地方，一部分毁于战争、饥荒和火灾的城市里，房屋虽然已荡然无存，人烟绝迹，但是

---

① （美）张光直：《商文明》，生活·读书·新知三联书店，2019，第254页。

还保留着有城门和望楼的带雉堞的城墙。这些光秃秃的城墙有时矗立在护城河的一边，有时简直就立在毫无房屋遮挡视线的一片旷野里，往往比房屋和庙宇更能体现出该城市以往的宏伟。即使这种城墙并不太古老（现存的城墙中很少有明朝以前的），它们的砖面和曲折的雉堞也仍然显示出古意盎然的气氛，后来的维修和重建很少改变它们的风格和比例。"①喜龙士对中国传统建筑主要的印象是建筑墙体，墙是中国建筑的核心，每个城市和村庄都有泥土修建的围墙，墙是中国建筑的重要特征的体现。

生土建筑是鄂东历史上最普遍的建筑类型，尽管现在保留下来的纯生土建筑，大概占全部古建筑的20%，但考虑到生土建筑不容易保存，加上大部分的村庄都改造成现代建筑，所以推断历史上生土建筑在当地的比例应该达到60%，特别是丘陵和平原地区，茅茨土阶的生土建筑比例更高，而山区的水气大，对泥土建筑保存不利，所以选择青砖建筑多一些。就建筑的技术来讲，鄂东地区也保留下来技术高超的古建，比如红安吴氏祠、麻城雷氏祠和五脑山帝王庙、黄梅四祖寺等，都很精美绝伦。但更多的是建筑技术条件不算高的背景下，鄂东村民利用当地的材料，修建的拥有当地特色的民宅。

生土建筑（图5-06）体现了我们祖先的智慧，是当时条件下最优惠的选择，它积攒了几千年的建设经验，在当下仍有借鉴意义，"百工技艺、礼乐诗书皆从中国……民舍多茅茨，鲜陶瓦"②作为技术储备，曾经还影响到周边国家，但现在对生土建筑的认识，还不普遍，甚至存在污名化，是落后与下等的代名词，与曾经创造出来的辉煌的历史不匹配，成了历史遗留下的困惑，很多人把这么好的有历史的房屋，没有当成资源和文化，反而当成历史的包袱，所以需要观念的转变，特别结合当下乡村振兴的发展战略，配合好大别山地区的生态环境，大力发展各项事业，保护好各种环境资源，为下一步发展，提供动

---

① （美）李约瑟：《中国科学技术史》，科学出版社，上海古籍出版社，2008，第41—42页。
② （元）周致中：《异域志》，中华书局，1981，第2页。

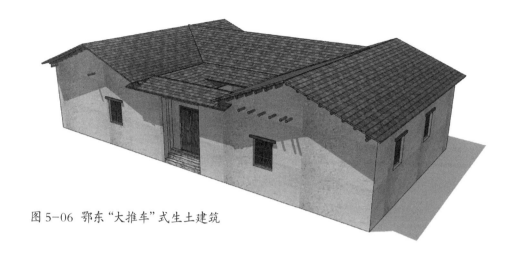

图 5-06 鄂东"大推车"式生土建筑

力。对现有生土建筑进行提档升级，做好试点工作，引导村民的行动与认识，才能避免打拆新建，留住鄂东地区最经典的生土建筑。

生土建筑不容易保存，现在存世量越发稀少，是最需要重点保护的建筑物。我们在进行麻城市黄土岗镇东冲村的传统村落修缮设计之中，专门对生土建筑进行仔细修缮，作为本村修缮的重点。根据汉宝德的观点，生土建筑（图5-07）在古代和主人的生长有密切关系，生土建筑是原始文化的遗存，"中国人并不是不会使用石材建屋，而是有意选择了木材……而木材是向上生长的树木，代表着生命。"[1]大别山地区生土建筑能延续和盛行的原因，也是因为人民对待建筑和对待生物一样，视其具有生命。中国人自古以来，墙以土夯成，砖只是表面材料而已。[2]这在城墙的建设上，普遍存在。鄂东的一些乡镇上，都是采用夯土的城墙，外面包裹一层砖的方式。房屋的修建，则是在建筑的立面用砖垒砌，而其他界面运用土砖。在调研之中发现，这类建筑普遍存在，甚至是地主大宅，也运用这一建造方式。起初，我们认为是主人好面子又没有财力，所以把建筑的外立面修砖墙，其实不是，关键还是观念的问题。

---

① （台湾）汉宝德:《中国建筑文化讲座》，生活·读书·新知三联书店，2006，第27页。
② （台湾）汉宝德:《中国建筑文化讲座》，生活·读书·新知三联书店，2006，第41页。

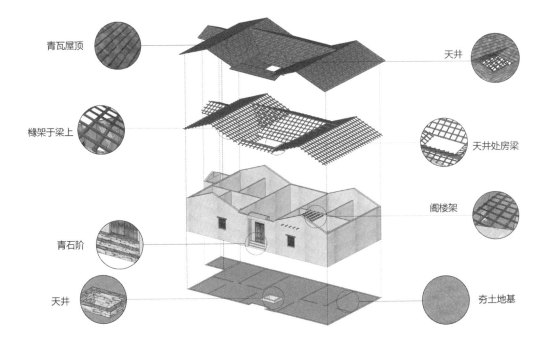

图 5-07 生土建筑解析图

青瓦屋顶

椽架于梁上

青石阶

天井

天井

天井处房梁

阁楼架

夯土地基

堂屋这一重要家庭内的公共空间，满足了祖先崇拜的空间需要。"万物有灵的信念（animism）自周而中断，代之则为周代的祖先崇拜。周人认为绵延宗嗣是后代的义务。"[1]祖先崇拜是根深蒂固的，直到当下，仍然有很大影响。所以，建筑设计有天井，不仅聚水聚财，也是祭祀活动中，祖先灵魂回归的通道。生土建筑中的堂屋能够满足这样的祭祀需要，同时它又是生活的场景，是重要的起居室。

过去家庭里的子女很多，这样的建筑结构很方便分家。从结构看，客厅通向两旁建筑的门各有一个，这是为将来兄弟分家预留的，而中间的客厅是公共建筑，是维系家族的血脉的纽带。生土建筑的空间合理还有一点，就是建筑

---

[1] 黄仁宇：《中国大历史》，生活·读书·新知三联书店，2007，第16页。

高度达到7米多，远够两层建筑的高度，在每个房间合适的高度建立桁架，铺上木板，就能很好的分隔出阁楼，最绝妙之处，这样还使每个墙体进行二次加固，有了很好的支撑，这是村民多年积累的大智慧。

不朽之身：瓦

鄂东地区建筑使用瓦的时间，和江西应该相差不远，"《新唐书·循史传·韦丹》则载有江西的类似事：'始，（洪州）民不知为瓦屋，草茨竹橡，久燥则戛而焚。丹召工教为陶，聚材于场，度其费为估，不取赢利。人能为屋者，受材瓦于官，免半赋，徐取其偿。'这约发生在唐宪宗后期（815年左右），说明在那时，对于瓦的普及工作，这些人还是起到了推动作用的。"[1] 根据这段史料推断，鄂东地区瓦的使用，当在唐后期，这从保留下的砖塔上也能侧面推导。

瓦的使用和房屋的等级有着密切的关系，农村的平房多使用青瓦，"房屋结构，皆为砖木结构，其中，大多数为土砖、布瓦（青瓦）；少数富户住房及祠堂、庙宇为青砖、布瓦"。[2]只在等级高的寺庙和祠堂等使用筒瓦，这样的筒瓦制作的难度大，优势是沥水好，材料厚，不容易松动，但是造价高，一般百姓家用不起，加上长期为高等级房屋使用，老百姓也不愿意使用，怕僭越。

现在村子里，老百姓都不愿意使用传统的青瓦，主要存在的问题是容易松动，山区的小动物比较多，稍稍走动，就造成瓦位置移动，加上大别山地区的房屋里都没有使用望板的习惯，瓦没有经过固定，都是在橡子上面直接放瓦，更容易松动而漏雨。2019年的五一假期，我们在红安县永佳河镇椿树店调查，看到一位大妈正在为屋顶换瓦，用红色大瓦更换传统小瓦。她说："这样的瓦不行，太小了，还老化了，猫在上面走容易松动，经常漏雨。"淘汰传统布

① 王其钧编著：《中国民居三十讲》，中国建筑工业出版社，2005，第14页。
② 湖北省蕲春县地方志编纂委员会编：《蕲春县志》，湖北科学技术出版社，1997，第276页。

图 5-08 麻城市五脑山帝王庙后殿屋顶人面筒瓦

瓦，是普遍现象。老瓦阴阳相扣的关系，是社会大环境的一种体现，也是古代一直沿用青瓦的精神价值，当这样的需求不需要的时候，那么就会出现各种颜色和造型的瓦片。

在考察麻城市五脑山帝王庙的后殿（图5-08）时，它的瓦片给我留下深刻印象，概括起来有三个特点，其一是瓦大，是我们所见的鄂东地区最大的瓦，整个后屋面6块瓦就能覆盖一行，也是我从小到大见到的最大的瓦，比通常那种叫长折的红色陶瓦还要大，近1米的长度。其二是色怪，我一见到这个屋顶，就被它的颜色蒙住了，以为是铁瓦，仔细观察，颜色与铁锈色太接近了，很难区别。其三是形萌，瓦当的图像比较特别，一排都是龇牙咧嘴的怪兽，其中有三个比较特殊，一个是笑脸的造型，其中有两块在一起，一个是有胡须的老人，还有一个为年轻人，联系到这是道教建筑，这样的造型要表达出什么样的意思？

"其富贵之家，人有亡者，以刃破腹，取其肠胃涤之，实以香药盐矾，五彩缝之；又以尖苇筒刺于皮肤，沥其膏血且尽；用金银为面具，铜丝络其手……然而还是考古的证据最明确地证明了宣化偶人和道教丧仪之间的关系。1973年，考古学家在江西省南昌北部发掘了一座唐墓，出土物品中有一件用完整柏木雕刻而成的立人像。"[1]瓦当的图案应该也是一种与道教丧仪相关的"偶"，这样的偶像保护逝者在冥界不遇到凶险。

依照现在的观点来看，瓦当图案面相呆萌，年轻时尚，传递出古人豁达的生死观。宗教总是在人迷茫的时候给人安慰。道家思想的融合与包容，在五脑山的一天门也有体现，作为道观等级最高的大门，其建筑大门头上雕刻着唐僧西天取经的传说故事，师徒四人依序排列。

小青瓦，现在农村还有不少人叫它布瓦，我们单位在建大别山农耕文化博物馆的时候，特意收藏了这样一套完成的制瓦工具，里面的白色老布都在，所以瓦的表面都保留下布纹，布瓦之名由此而来。布瓦的布纹，很自然地让我想起早期陶器上饰的绳纹，我的一位陶瓷专业的同事告诉我，这样的绳纹主要目的是防止手滑，这样的解说没有错，但精神含义又是什么呢？

"高诱《注》（《淮南子注》）：'绳，直也。'这个训释其实并不准确。古人立表测影以正定四方，最后一步工作必须用准绳度量以连接表影与圆周的两个交点，其中用以度量南北方向的为经绳，度量东西方向的为纬绳，这才是先民将表示四方的'+'形图像称为'二绳'的根本原因。《淮南子·本经》：'戴圆履方，抱表怀绳。'讲的就是这个。'二绳'图形不仅构成了中国传统方位的基础，也是汉字'甲'字的取形来源。由于中国传统的时空关系表现为空间决定时间，所以取自二绳'+'形的'甲'字被古人用作为记十个天干的首字。"[2]

这样看来，陶器上的绳纹，不是仅仅满足防滑的需要，还隐含了对方位

---

[1] （美）巫鸿：《黄泉下的美术——宏观中国古代墓葬》，生活·读书·新知三联书店，2016，第149页。转：关于此观点的概述，参见Thorp, "Mountain Tombs and Jade Burial Suits"p35。

[2] 冯时：《文明以止——上古的天文、思想与制度》，中国社会科学出版社，2018，第51页。

的表达，更深一步，是通过四方来反映中央，隐喻着追求更高权力。同样，青瓦被放在屋顶上，根本就不需要任何的防滑效果，相比较，表面光洁的瓦更便于沥水，防水效果也更好，那么为什么还要如此制作带有纹理的青瓦，其中固然有方便制作等技术原因，但是和绳纹的道理一样，纵横交错的布纹，记录空间，体现了古人某种文化观念。

家族联姻：梁

梁，是建筑中最重要的构件，上梁是房屋修建之中，最有仪式感、最隆重的活动。

房梁在建筑正脊的下方，鄂东地区的房梁是两根组成，上面的第一根，是真正起到承重作用的房梁，在其下方15厘米的地方，会出现第二根房梁，叫雄梁（图5-09），见图（图5-10）的这根，正中间画出红色双喜，旁边绘制牡丹花，由于该梁不起承重作用，所以比较细，可能还不到10厘米粗，这个梁朝下

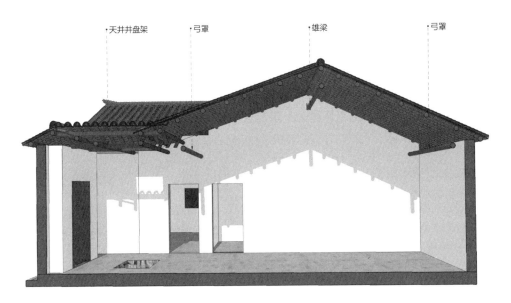

图 5-09 生土民宅房梁结构

图 5-10　麻城市黄土岗桐苋冲民宅房梁

的方向被刨平，上面画花或钉上红布，其他方向都保持圆形不变。在客厅的前面部分和后面香案的上方，也各有一根梁，叫做弓罩，增添客厅色彩，寓意吉祥美好。因此，鄂东地区的房屋除了主梁（上面的第一根）外，还有三根仪式梁（一根雄梁，两根弓罩）。[①]这样的梁在二十世纪八十年代之前，一直都广泛使用，但当下已经绝迹了。

虽然雄梁是一根不承重的梁，但是农村上梁的仪式就是围绕这根房梁进行的，有时，它还结合着联姻活动。在新房盖成的时候，女方家要特意准备这样一根偷来的梁送来，以抬高女儿在婆家的地位，寄寓对女儿殷切的祝福。这根梁虽然很小，但所承载的内容却很丰富，已经远远超出承重这一范畴。在这个行为中，梁是一种体现交换协作关系的礼物。马塞尔·莫斯（Mauss）在《礼物》一书中认为礼物是一种自愿发起的馈赠，但实际上它们是在义务中被给予和回

---

① 2020年5月28日，颜杰访谈麻城市乘马岗镇许家河村夏邱河湾邱东进老木匠，59岁，他讲述了当地的上梁仪式：(上梁时)还要烧香，还要烧纸，再把三牲里的猪头、鱼、饭，把它一贡。梁在桌子上放着，主家、瓦匠、博士（木匠），两样师傅和主家三人在磕头，把纸一烧，香一烧，火炮一放，就好了。上梁口诀：其树生在某（什么）头上，老板在那大慈阁，湾湾其树上栋梁等。

赠。马林诺夫斯基（Malinowski）和萨林斯（Sahlins）则认为，礼物是建立在互惠基础上的馈赠，萨林斯近一步阐述了互惠的普遍性和交流之中的可计算性。也有国内的学者认为，中国礼物经济固有特性是使用价值的交换，友情、亲情、同学情等，是"为关系实践提供基础或潜力的场地"。阎云翔认为礼物的相互馈赠保留了"经济和政治生活中一种交换的重要模式，两者作为再分配的国家体系的一部分，近年来，成为商品经济市场体系的一部分"，并提出了中国农村的礼物关系，应该被分为工具性和表达性的、物质性和象征性的、实际性和思想性的几种类型。①

关于房梁还有很多讲究，当地人在选择房梁的时候，要请风水先生来确定选材的方位，然后顺着方向去寻，找到之后，按照"偷梁换柱"的习俗，晚上请自家亲戚，把房梁"偷"回来。而树木的主人也很高兴，认为这是欢喜之事，大家都是图个吉祥。另外，梁从山上取回来时，一定要两个人抬回来，不要一个人扛回来。到家之后房梁要悬置高阁，不要让人随便碰，例如被别人坐一下或晒衣服等，都是不吉利的事情。梁上题字也有讲究，依次为"财""吉""礼""仪""亥""□""□""本"（"□"表示调查时未能准确记录的文字）。这些字可以循环出现，但是要从"财"字开头，"木"字收尾。②

老木匠邱东进说："以往富人，有钱人家，用杉木料小四方条，叫金方。桁条（房梁）大，每根桁条下都有一个金方。我们这里也有，在拆老屋时碰到，那么好多桁条的时候，用金方下下来，两根一合，代替做桁条，买不到桁

---

① 李全敏：《礼物馈赠与关系建构：德昂族社会中的茶叶》，《西南民族大学学报（人文社科版）》，2012年第4期。

② 本段文字依据2019年9月17日，对罗田县匡河镇安仁山村方九鱼老人的采访。方九鱼老人时年83岁，学徒于1953年，后参加过北京十大工程之一的军事博物馆的建设，返乡后一直从事木工工作，直到78岁，是当地有名的木工，被尊为"博士"。当时他还背诵了一首取梁时的唱词，描述木材是"栋梁之才，藏在风水宝地之中"等，约有20句话，可惜乡音太重，记录不全。

条，桁条贵的时候。"①这段采访的大体意思，是过去鄂东地区人家的主梁，是两根做成的，在房梁的下方，有一个方形的稍微小一点的金方，是起到给房梁加固作用的梁。而穷人家，连一根完整的椽子都用不上。邱东进还说："以往的格子（椽子）用步格（小椽子），步格就是每一步桁条之间用一根格子，桁条间距两尺，那么格子也只能两尺。"②用小椽子而不用大椽子，还和鄂东历史上的一位名人有关，此人就是梅之焕。《万历十五年》里讲到，李贽于1580年得到耿定向的邀请，举家搬迁到湖北黄安，之后，他在麻城继续讲学，就是得到当地梅家的支持，作为当地数一数二的大户，梅之焕的叔叔梅国桢当时掌握西北军政，梅家是当地四大家族之一。③邱东进讲述了这样一个故事："因为在过去，湖北不能用通格子（长椽子），用通格子要罚款，只能用步格子（短椽子）。在过去我们湖北人只能搭棚子住，不能用青砖那些瓦，那些东西是梅之焕（湖北人）带来的。梅之焕他在朝里作贡献之后，皇帝问他带点什么东西回家，他说要这些砖头瓦片，皇帝问要这些做什么，他说湖北没有，皇帝说他可以回去烧制，他说那样就透了风，谢主隆恩，（皇帝准许）招人到我们湖北来，不然不能烧。"④《麻城县志》中关于梅家老宅有这样的记载："沈家庄在县东十里，为梅中丞长公宅，前临桃林河。崇祯季以御寇筑为堡。"⑤作为麻城的大家族，朝中大员，梅家宅邸建筑等级很高。邱东进故事里还反映出一个事实，明初，鄂东地区尚处于棚民开发阶段，经济条件十分落后，根本就没有能力来修建砖瓦建筑。之后，经过不断开发，建筑用材和样式才慢慢好起来。

---

① 源自2020年5月29日，颜杰同学采访麻城市乘马岗镇许家河村夏邱河湾邱东进老木匠时的记录。

② 源自2020年5月29日，颜杰同学对麻城市乘马岗镇许家河村夏邱河湾邱东进老木匠的访谈。

③ 黄仁宇：《万历十五年》，生活·读书·新知三联书店，1997，第243、273页。

④ 源自2020年5月29日，颜杰同学对麻城市乘马岗镇许家河村夏邱河湾邱东进老木匠的访谈。

⑤ 麻城市地方志办公室搜集再版：《麻城县志》，1999，第30页。

第三节 千年黄州城

鄂东地区的考古中，古代城市建筑遗址和坞堡都有发现，与黄州一江之隔的鄂州市博物馆，藏有一座东吴时期的坞堡建筑（图5-11）明器，"围墙环绕，前后开门，坞内建望楼，四隅建角楼，略如城制"。[1]四角有角楼，连接中间的房屋，正门有高大的门楼，建筑分两层，中间是主屋，墙体表现出了生土夯筑的质感，屋顶全用瓦片。从造型看，它十分类似土楼建筑和客家围屋，大别山的水垾民居和水寨建筑都能看到坞堡建筑的构成元素。材料上，这种生土建筑材料则沿用至今。

图 5-11 青瓷仓廪院落 [2]

"仙幻神兽以动物的形象为主，是数量最多、富有神灵意味的灵兽，还有古史传说题材的人物画。凡是绘在门楼上的动物和人物，都属于灵兽和仙

① 潘谷西，《中国建筑史（第七版）》，中国建筑工业出版社，2015，第88页。
② 宿白：《中国古建筑考古》，文物出版社，2009，第39—40页。湖北鄂城一座吴墓出土一组反映当时宅院的青瓷院落（《考古》1978年3期），长方形院落。前门墙上建门楼，楼顶内部刻"孙将军门楼也"六字，墙四角上有角楼，院落内分成前后院，后墙有小门，高墙厚壁的做法与坞同。

人。"①汉代建筑从建筑的造型、布局②到装饰都注重突出建筑的神性。神仙学说在汉代的流行，也反映在了建筑的布局上。这一点，如今我们在鄂东的祠堂建筑中仍能看到，这里的祠堂基本采用前水后火的造型，"有五行之说，以木、火、土、金、水五种物质与其作用统辖时令、方向、神灵、音律、服色、食物、臭味、道德等等，以至于帝王的系统和国家的制度"，③诚哉斯言。

青瓷仓廪院落（属于坞堡建筑）表现的是豪强地主的大宅院，大量的平民在那个时代连个容身之所都难以求得。坞堡建筑遗风在鄂东地区还能见到，如罗田的紫薇山庄和英山的段氏府，都还保留有这样地主大宅院的建筑样式，我们一般称这样的建筑群为鄂东大屋建筑。

黄州建筑的发展，粗略可分三个时期，一个是上古时代的夯土时代，其代表是禹王城，夯土的城墙和地基至今犹存；其二为竹木建筑年代，中古一直到清代末年，黄州的建筑基本是竹木建筑的墙体和承重方式；其三是1949年后，水泥和砖块的年代，这是黄州城建筑现代化的实现时期，高楼慢慢起来，从原先的单层和两层建筑为主，渐渐发展成5层上下的建筑为主，再到21世纪的电梯楼的普遍出现，高层建筑越来越普及了。

清华大学王南老师在某次讲座中曾经提到汉代的城市可能高楼林立，"在信仰观念上，汉代人认为，人死了以后有的可以升入神仙世界，神仙在天上，在高大的楼上可以与神仙相互沟通。"④可见汉代高楼的修建同神仙信仰有关。"从东汉开始，除了满足特殊的需求外，高台建筑逐渐减少，而木结构楼阁显著增多，这是框架结构和施工技术发展的结果……东汉时楼的种类繁多……城门上有谯楼，市场中有市楼，仓储有仓楼，瞭望有望楼，守御有碉

---

① 马玉华、赵吴成：《河西画像砖艺术》，甘肃人民出版社，2017，第2页。
② 在建筑的大门修建阙楼，特别是皇宫前面的两旁的楼台，其中间空缺为道路，建筑追求的目标非常明确，随时迎接神仙的驾临。也就是天门的标志，分成天上人间的交接点。
③ 顾颉刚：《秦汉的方士与儒生》，北京出版社，2017，第1页。
④ 兰芳：《西北有高楼：汉代陶楼的造物艺术寻踪》，文化艺术出版社，2019，第24页。

楼。"①我们把目光从高楼林立的汉代城市拉回到当下的黄州，在短短的20年内，黄州城也是高楼遍地了，当然此高楼非彼高楼，但其中蕴藏的社会和人文信息同样值得探究。

宋代的黄州城除少数建筑外，大部分民宅建筑相对还是十分简陋的，没有出现大量用砖石的现象，据此可推断出当时的房顶的形式也不可能特别复杂。北宋韩琦诗黄州涵晖楼"临江三四楼，次第压城首。山光拂轩楹，波影撼窗牖。"②描述的仅是地标性建筑的豪华，修建高楼尖阁是需要雄厚的物质条件作为基础的，这一点，宋代的黄州城显然并不具备。宋朝是注重人内心修为的朝代，儒家文化，注重礼乐教诲，建造祠堂成为一种自发的行为。祠堂往往是聚落里最大建筑物，在中国古代缺少公共建筑的情况之下，祠堂是举行宗族内活动的重要场所，"按此规定，在每年的十月，国家要在都城举行盛大的宴会，宴饮老者，同时各地也要举行乡饮酒礼"。③这乡饮酒礼便常在祠堂里举行。"在汉代，建筑的轻灵感是大出檐与脊檐的收头，凤是正脊的装饰。到了唐宋，整个屋顶都成为一只大翅膀了，因此这时期的建筑是以屋顶为主体的。宋人的画里表现了各式各样组合的屋顶，为求呈现其飘逸的感觉，总是夸张地画出檐下椽条。"④我在调研的过程之中，在鄂东的祠堂建筑中发现过类似宋代屋顶的遗韵。譬如吴氏祠前面一栋的屋顶结构，着实令人眼花缭乱，但又令整个建筑显得飘逸。"黄冈之地多竹，大者如椽，竹工破之，刳去其节，用代

① 孙机:《汉代物质文化资料图说》，上海古籍出版社，2008，第219页。
② (嘉靖)日本藏中国罕见地方志丛刊版:《湖广图经志书》，书目文献出版社，1991，第361页
③ (英)胡司德:《早期中国的食物、祭祀和圣贤》，浙江大学出版社，2018，第32页。参看Derk Bodde: Festival in Classiccal China: New Year and other annual observances during the Han dynasty, 206 B.C.–A.D.220, Princeton University Press, 1975, pp.361–372.这些仪式与周礼的关系，参见《周礼正义》卷八《外饔》，278页；卷十《酒正》，362页；卷三十一《槁人》，1242页。
④ (台湾)汉宝德:《中国建筑文化讲座》，生活·读书·新知三联书店，2006，第71页。

陶瓦，比屋皆然，以其价廉工省也。"①黄州普通民居建筑屋顶用竹子代替陶瓦，当地陶瓦尺寸规格比较大，一般长度都在50厘米上下，至今农村还在用，俗称"长折"，黄颜色，使用的频率不高，明清时候就已经不算好材料了。无论竹子还是陶瓦，都有很大的局限性，都不可能完成精美的屋顶造型。

明初陶安在《齐安即事五首》中写到"初入黄州市，萧然绿树村，刘茅低缚屋，剖竹密编门"②，描述了元末战乱之后黄州的建筑风貌，到处都是茅草顶的房屋，不但房屋低矮，而且连木门都没有，还是用竹子来做大门，可见当时的经济萧条，房屋十分简陋。陶安还在《寓所》一节里记载到"盖茅为寓所，郡治亦于兹"③，茅草房是普遍存在，甚至郡守的治所也是如此。草屋没有条件修建出拥有丰富山墙造型的硬山顶，所以据此可以得出，黄州当时民居建筑还没有普遍采用前述的三种山墙造型，黄州的三种山墙造型应该是明朝以后的事情，应该是和砖的普及有密切关系。

通过屋顶材料和样式的分析，可以看材料的特性，特别是承重能力，对山墙造型有根本的决定作用，草房的屋顶正脊都是用泥巴来粘接，山墙就是硬山式两坡屋顶，不可能做出丰富的造型。"外围砌上较薄的空斗墙，两边做各种样式的防火墙，屋顶常铺盖小瓦。"④"清代胡绍鼎在《杜茶村先生传》记载'茅屋数间，梁栋欹腐，墙屋皆倾倚'⑤'老夫谙稼穑，次第葺园庐'⑥'屋瓦皆飞，行人尽腾'⑦'王家店风火山贮谷二百三十六石'⑧'具有深厚地方特色

---

① 万历《黄冈县志》卷九，《艺文志（下）》，上海古籍书店，1965，第14页。
② 万历《黄冈县志》卷七，《艺文志（上）》，上海古籍书店，1965，第50页。
③ 万历《黄冈县志》卷七，《艺文志（上）》，上海古籍书店，1965，第51页。
④ 周銮书：《千古一村——流坑历史文化的考察》，江西人民出版社，1997，第88页。
⑤ 光绪《黄冈县志》卷二十一，《古文（下）》，上海古籍书店，1965，第35页。
⑥ 光绪《黄冈县志》卷二十二，《诗》，上海古籍书店，1965，第39页。
⑦ 光绪《黄冈县志》卷二十四，《掫闻》，上海古籍书店，1965，第68页。
⑧ 乾隆《黄冈县志》卷三，《社仓附》，上海古籍书店，1965，第55页。

图 5-12 《黄冈县志》县城图

的赣派民居建筑'。"①从这些记载看到，黄州（图5-12）城市的建设基本情况，茅草和瓦顶并存，建筑十分朴素。

最后从当地的经济发展来看，明清时期有充足的条件实现建筑的修建，无论是当地的建筑材料，还是黄帮商人的经济实力作用，在当地都得到了有序的发展。"这个时期的大多数时候，并不总是贫困的时光。农业直到19世纪20年代初仍顺利发展，谷类、豆类、蔬菜和花生等常见粮食品种依然高产，长期发

---

① 王美英：《明清长江中游地区的风俗与社会变迁》，武汉大学出版社，2007年9月第1版，第38页。从我对大别山地区的调查来看，历史上鄂东这边很多人明朝初年是从江西迁移过来，在调查家谱的时候，时常看到，但是这里的建筑就是江西的特点，我感觉有点偏颇。鄂东建筑的湾流水和独特山字顶，是明显和江西不一样，这边的马头墙很少，而江西建筑的小马头墙是普遍存在，可能在历史的交流之中相互学习和影响，不能说成具有浓郁的江西特色。

展起来的耕作技术依然有效。木材、竹子、桐油、药材，以及茶叶、丝绸等特产仍有很大市场。晚清在南京举行的博览会上，麻城自豪地展出了好几样'本地特产'。进入民国时期，该地黄帮商人的传记同样表明，他们仍然在长江上游和汉江流域成功地往来经商，并将很大一部分利润再投资到家乡麻城。"①上述记载说明，清代晚期，当黄帮商人还带回来大量的资金，从而保障了建筑的经济基础。我们在考察的时候也看到，一般的房屋大多建造于民国初，这正是当地商贸最发达的时候。到了1930年之后，形势就急转直下，和谐的乡村社会被彻底改变，所以反映在建筑上，很少看到这个时期修建的比较豪华的建筑物，在我5年多的调查时间里，一座都没有看到。"在清末和民国时期日益扩大的二元经济中，逐渐跌入'落后'地区的行列。一边则是更加开放、更具自我意识的'进步'的部分，两者之间的紧张会给麻城带来异常的暴力。"②

如今的黄州老城区（图5-13和图5-14）虽然没有历史上那么出名，但还保

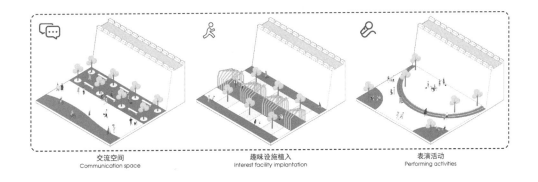

交流空间
Communication space

趣味设施植入
Interest facility implantation

表演活动
Performing activities

图 5-13 黄州城墙区景观改造设计

---

① （美）罗威廉：《红雨：一个中国县域七个世纪的暴力史》，中国人民大学出版社，2014，第231—232页。

② （美）罗威廉：《红雨：一个中国县域七个世纪的暴力史》，中国人民大学出版社，2014，第232页。

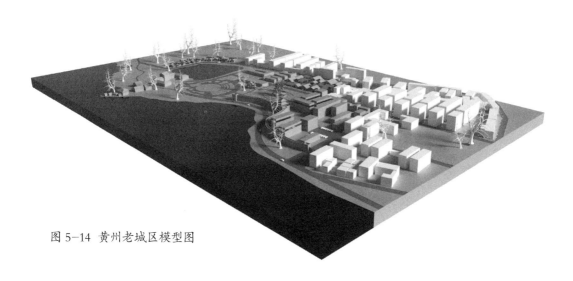

图 5-14 黄州老城区模型图

留有文庙的大雄宝殿、东坡赤壁等建筑。后来建立的大量红砖厂房、住宅和办公楼等，距今也有半个世纪以上的历史了，整体风貌保持得相当不错，加之历来规划控制，没有对老城区进行拆建，所以明、清、民国和解放后建筑的代际关系明显，历史风貌犹存，为全面提升改造，提供了重要的物质基础。

第四节 小结

到20世纪80年代之前，当地民居建筑施工还少有机械化作业，一切都在户主的监控下完成，由于户主完全掌握主动权，所以能对材料的品质要求，力求完美，即便简单朴素料，也都是真材实料。

我记得小时候的农村，电还没有通，所以在夏天纳凉时经常听大人们讲女娲造人的故事。"《太平御览》卷七十八引汉末的《风俗通义》云："天地初开，女娲抟黄土为人，剧务，力不暇供，乃引绳泥中，举以为人。故富贵贤知者，黄土人也；贫贱凡庸者，引絙人也。'除后句话因汉代统治者推崇中原黄土地农耕文明的优越性外，意思是天地开化之初，世界荒凉，缺乏人气，女娲从而想到用黄土做人。为提高效率，女娲便将绳子引入泥浆之中，绳子每次携带而出的泥蛋蛋就变成了一批批站在地上的男男女女。"[1]抟土造人，我们这个民族对泥土的感情如此深厚，那么用泥土来建造一座有"生命"的房屋，正是把建筑和人合为一体的体现。

一切材料都是来自于物质化形态的"土"，将"阳火气"与"阴气水"的交合，转化成自然中的树木形式。"即至斧斤伐之，制为宫室器用，与充饮食炊爨，人得而见之。及其得火而燃，积为灰烬，衡以向者之轻重，七十无一焉；量以多寡，五十无一焉。即枯枝、榴茎、落叶、凋芒殒坠溃腐而为涂泥者，失其生茂之形，不啻什之九，人犹见以为草木之形。至灰烬与涂泥而止矣，不复化矣。"[2]

本章节分成三个部分，上部主要讲述材料文化的传承，在建筑的修建过程之中，师傅是采用什么方式、态度和标准在培训徒弟，他们之间的关系，在熟人社会之中，居于什么样的状况，对材料的品质和最后的作品将产生什么的影响，强调人才的培养和品德的教育是建筑发展的重要保障。

中间是透过材料来看社会学的问题，可以看出在特定的社会背景下，户主在社会上的等级的划分、信仰的尊崇和家人的期望。

最后一部分主要结合黄州城的发展历史，讲述黄州城里民居建筑的材料运用情况，黄州城居于长江水道旁，历史上是重要的枢纽驿站，龙王山同江对面的鄂州西山，形成夹角之势，古之龟蛇锁大江，长江水口军事价值很大。所以苏东坡记此为赤壁古战场，写成了著名的《念奴娇·赤壁怀古》和前后《赤

---

[1] 王晓华：《生土建筑的生命机制》，中国建筑工业出版社，2010，第109页。

[2] （德）薛凤：《工开万物：17世纪中国的知识与技术》，江苏人民出版社，2015，第218页。转自：《论气形气化一》，第52—53页；参见杨维增在《宋应星思想研究诗集诗文译注》中第165页对这段印刷错误的解释。译文为：人们用斧子砍伐树木，用木头制成房屋器具，以及用来烧火做饭，这是人都可以看得见的。等到木头遇到火燃烧起来以后，就变成了灰烬。称量分量的话，不到此前的七十分之一；计算体积的大小的话，不到此前的五十分之一。即便枯枝、树根、落叶等凋零陨落到脏水中成为泥土，失去了其原有的生机勃勃的外形，原来的十分之九都已经不复存在，人们看到的还是草木的外形。等到成了灰烬和污泥才算中止，不再转化了。

壁赋》，由此让黄州成了文化朝圣之地。和辋川别业一样，是山水画的经典场景。黄州城虽然繁华一时，但其建筑在材料的运用上还是很朴素，没有彰显"豪华""大气"的风气，反映出当地人生活朴素与无华。在材料的选择上，城市和乡村一样，都是运用当地出产的竹、木、土、砖和石，遵循就近取材的原则，同乡村的建筑材料选择一样。黄州城建筑的隔墙，很多采用竹片这样的轻质材料，施工方便、简易、造价低，可看出当地人与自然和谐相处、不求奢华的平凡生活态度。

前赤壁赋
（宋）苏轼

壬戌之秋，七月既望，苏子与客泛舟，游于赤壁之下。清风徐来，水波不兴。举酒属客，诵明月之诗，歌窈窕之章。少焉，月出于东山之上，徘徊于斗牛之间。白露横江，水光接天。纵一苇之所如，凌万顷之茫然。浩浩乎如冯虚御风，而不知其所止；飘飘乎如遗世独立，羽化而登仙。

于是饮酒乐甚，扣舷而歌之。歌曰："桂棹兮兰桨，击空明兮溯流光。渺渺兮予怀，望美人兮天一方。"客有吹洞箫者，倚歌而和之。其声呜呜然，如怨如慕，如泣如诉，余音袅袅，不绝如缕。舞幽壑之潜蛟，泣孤舟之嫠妇。

苏子愀然，正襟危坐，而问客曰："何为其然也？"客曰："月明星稀，乌鹊南飞，此非曹孟德之诗乎？西望夏口，东望武昌，山川相缪，郁乎苍苍，此非孟德之困于周郎者乎？方其破荆州，下江陵，顺流而东也，舳舻千里，旌旗蔽空，酾酒临江，横槊赋诗，固一世之雄也，而今安在哉？况吾与子渔樵于江渚之上，侣鱼虾而友麋鹿，驾一叶之扁舟，举匏樽以相属。寄蜉蝣于天地，渺沧海之一粟。哀吾生之须臾，羡长江之无穷。挟飞仙以遨游，抱明月而长终。知不可乎骤得，托遗响于悲风。"

苏子曰："客亦知夫水与月乎？逝者如斯，而未尝往也；盈虚者如彼，而卒莫消长也。盖将自其变者而观之，则天地曾不能以一瞬；自其不变者而观之，则物与我皆无尽也，而又何羡乎!且夫天地之间，物各有主，苟非吾之所有，虽一毫而莫取。惟江上之清风，与山间之明月，耳得之而为声，目遇之而成色，取之无禁，用之不竭，是造物者之无尽藏也，而吾与子之所共适。"

客喜而笑，洗盏更酌。肴核既尽，杯盘狼籍。相与枕藉乎舟中，不知东方之既白。

第六章

壁画：沟通的桥梁

鄂东地区的民居建筑里，祠堂、庙宇和大屋一般都绘有壁画，其位置在建筑四面檐口处，叫画屋①。"墙檐常以水墨彩绘勾勒或灰塑装饰，为青灰色墙面镶上一道白底彩绘的轮廓，增加了建筑的神采。"②祠堂的正界面，通常绘制说教内容的壁画。绘制壁画的房屋一般是村庄中最老的建筑，建造年代集中在清末到民国初年。

关于鄂东建筑壁画的研究，还处于识图的阶段。我来讲个小故事，小漆园传统村落设计与施工的过程中，村里的何氏祠，建筑本身不算宏伟，但是在檐口部分，绘制着非常精美的壁画，槽门的两侧更绘有大幅人物画。村里的何书记问这个画面是什么含义，我当时一个都没有回答上来，这便促使我去了解其中的故事，寻访壁画师傅，他们在拜师学艺的过程之中，应该都有固定的图谱，但可惜一位也没有遇见。村里造房，已经快100年没有画过壁画了，都失传了，即使有一些图谱书籍③，或许还藏在深山。我也曾找过黄州赤壁桥卖古董的几个熟人，他们说黄州城青云街木业社有一个木匠，会在木板上画画，大

---

① 湖北省城乡与住房建设厅主编：《湖北传统民居研究》，中国建筑工业出版社，2016，第87页。画屋，俗称花屋，鄂东南地区一种特色民居，即在大门屋檐和两山墙绘有彩画的民居。
② 李晓峰、谭刚毅主编：《两湖民居》，中国建筑工业出版社，2009，第68页。
③ 胡绍宗院长在西安美院读博期间的一位同门师兄，在2008年左右到我们学院来讲学，介绍有关博士论文研究的内容，是关于关中地区的社火的调研研究，其中有大量的社火化妆图谱，每个人物都有自己的图片形象，举行活动的时候可进行参考。我想，大别山西麓这边的壁画应该也有类似的图谱，用以师徒进行传授，然而不遂人愿，至今也没有找到这样的图谱，当然，或许就是口传心授，根本没有图谱一说。

概八十多岁，由于不懂本地方言，没问清楚具体居住地方，即使我经常从青云街走，也没见到他们所说的位置，线索断了。2020年上半年，我又了解到麻城市木子店镇有一位老油漆工很会画，到了他家以后，他的儿子担心我们盗取他的技艺，极力阻拦，最后连老人面都没有见上。但我判断这些老师傅应该都不是我要找寻的真正壁画师。

我们也曾利用族谱里绘制的祠堂建筑图片，考证建筑是否曾经有过壁画，甚至拿族谱图片和实景进行对照，发现族谱中绘制的相关建筑图片，对建筑的真实再现度很高。鄂东古建筑多是清水砖墙，没有再粉白外墙，族谱中的图片，也都注意到这些细节，甚至把每个砖块都描摹了出来。何氏族谱里有23幅祠堂图片，经过筛查，有壁画的是《何氏祠——三房五世祖文刚公祠图》（图6-01）外墙①和《何氏祠——桠枫树何氏公所图》，其他所绘的建筑的檐口有比较大块的白色条状，宽度在40厘米上下，墙体是清水造型，是典型的壁画墙体。

鄂东地区保留下来的建筑壁画都十分精美，北部山区和南部平原地区的壁画有很大区别，特别是壁画的题材上，南部平原地带的壁画有明显的西洋化风格特点，北部山区一般还是传统题材。这种状况的出现，是对原有政治体系的质疑，"19世纪初期出现的外来危机又为他们提供了新的机会，对权势者的忠诚和廉正提出质疑。也许，意义最为重大的是，具有改革思想的官员们出于自己的需要，为举人们通过担任幕友的方式积极卷入政府活动提供了新的机会。"②

在此，选择鄂东历史上具有重要地位的宋埠镇为基点，来分析在中西交流的背景下，商业往来如何带来文化的蜕变。"如知县郭庆华在1882年所说，

---

① 何氏祠——三房五世祖文刚公祠图里面的主体墙，写有三房支祠的那扇墙绘制有壁画，但是这个建筑比较独特，在建筑的外围有个厢房，还有木栅栏的小院围合，后面的墙体也比较光洁，是没有壁画的墙体。

② （美）孔飞力：《中国现代国家的起源》，三联书店，2013，第18—19页。

图 6-01 何氏祠——三房五世祖文刚公祠图

水路沿岸的利润'为楚地之首'。被当地人称为'三大集'的市镇位于县城和该县西南角的河流出口之间，在举水河沿岸紧密地排成一行。这些市镇都很繁荣，在19纪都由当地商人出资建起了围墙。岐亭是帝制中期该县的政治和商业中心，在元代时失去了行政地位，但1526年又有所回升，被指定为黄州一个区的所在地，该镇直到19世纪仍是跨县贸易的中心。在前往麻城的途中溯流而上，光黄古道的驿站——中馆驿，如其名称所示，该镇最初是帝国邮差的驿站，但它在商业上的重要性迅速增强，到本书考察时段的末期，已有超过300家店铺。宋埠则由旅居者和本县散居外地的商人所控制，宋埠被称为小汉口和武汉门户，明清时期45种主要贸易物资都从这里用船运往遍布华中和华北地区的目的地。1909年，英商和记蛋厂在宋埠设立办事处，购买鸡蛋运往汉口，加工成蛋粉，再出口到欧洲和美国的糖果店。德国和日本的公司接踵而至。到20世纪30年代后期，宋埠据称已有近800家商业企业，有的规模相当可观。"①在宋埠、白果、岐亭、中馆驿、八里、永佳河六个镇保留下的壁画，很好地解释了为什么在建筑之中有这么多西洋化的题材，集镇已经是中西贸易的桥头堡，宋埠被称为小汉口，说明了它作为贸易的重要集散地和中西文化交流点的辉煌历史。

　　洋务运动之类的改革是壁画题材转变的重要诱因。"与鸦片战争后之全无反应对照，1860年间的改革在实践方面很严肃地向前跨步。因其如此，改革者尚要以传统的名目自保。他们小心谨慎，但传统中国之架构已被他们打下了一个洞。"②这样，西洋题材才有可能不断进入到平常人家。"自近代之后，中华民族面临外来文明的严峻挑战。历史学家雷海宗七十年前讲过一段很深刻的话，他说，中国过去所遭遇的外敌，一种是像佛教那样有文明而没有实力，另一种是像北方游牧民族那样有实力而没有文明……然而鸦片战争之后所出现的西方，既有实力，又有文明，于是引发了前所未有的文明危机。"③当然传教者可能也起到过很大作用，"基督教清光绪年间就传于宋埠，民国二年（1913年）宋埠市南门庙侧设有天主教堂一所。教堂房屋一进五间，司铎李道纯（意大利人），教堂附设学校1所、教员1人、教友100余人、学生35名。清光绪十九年（1896年），华人教士胡德新，在安澜门大巷及老城内设有福音堂，南门大巷及老城内各有房屋一重，并开设有附设学校1所、教员1人、教友38人、学生48人。"④自上而下的体制变革，从西方舶来的宗教文化，乃至后来兴起

---

① （美）罗威廉：《红雨：一个中国县域七个世纪的暴力史》，中国人民大学出版社，2014，第24—25页。

② 黄仁宇：《中国大历史》，三联书店，2007，第281页。

③ 许纪霖：《民间与庙堂》，三联书店，2018，第47页。

④ 麻城市宋埠镇地方志编纂办公室编：《宋埠镇志》（内部发行），黄冈日报印刷厂印刷，1989，第240页。

的新学，所有这些都作用于乡民的潜意识中，并逐渐表现在民居和祠堂中出现的西洋化题材的壁画上。在乡村里最神圣的建筑上有如此大的变化，会给后来社会带来多大的变革，当时的人们是无法想象的。

第一节 蓝色青金石之路：文化的交流

鄂东地区，清代的庙宇、祠堂、地主宅子和大屋①等，多半会绘制壁画，从整个墙面看，都是素面清水墙，只是在檐口部分进行造型和粉白，最后绘各种题材的壁画。调研发现，有两种情况会造成原有壁画的缺失，其一就是类似丁家田的传统民居之中，其中最老的地主宅子，檐口斑驳，只剩下清水砖，壁画已然全部脱落了。其二是建筑改建，即原先的建筑已被后来翻盖建筑所替代，如宋埠镇李华村的食堂，就是拆掉原来祠堂而修建的，仅残存小块壁画。解放后房屋产权大变更，原来地主大宅被分成若干家，自行改建的现象又普遍，所以，多数保存不好。但偏僻位置的壁画保存较为完整，如红安县八里镇吴锦堂村，一幅非蓝色拐子龙壁画出现在一处民宅的后山墙，历经风雨，仍有着饱满的颜色，特别是青金石料的蓝色底，十分鲜活。

从壁画里所用的材料来看，每个时期的用色都有自己的特点，但是也有一些颜色始终没有太多变化。"中国古代历史上曾出现不同种类的蓝色颜料，如先秦到两汉时期的中国蓝（Chinese Blue），北魏时期应用于敦煌莫高窟的青金石（Lapis Lazuli），唐代开始大量使用的石青（Azurite），元代青花瓷使用的苏麻离青（Samarra-biue），清代古建筑彩绘中的蓝色颜料（Smalt）及清末大

---

① 大屋可以是大地主的独院，也可能是家族集中居住的建筑群，其布局的形式有两种样式，比如河南新县的毛铺村，就是典型的横式建筑布局，达到1000米长的闭合空间。还有就是竖式布局，也是最多的，罗田九资河的紫薇山庄、英山的段氏府和团风的百丈崖民居，都是这类建筑形式，一般都是三四重院落。

量使用的合成群青（Ultramarine Blue）"①这篇论文把我国蓝色颜料在各朝的运用和变迁，梳理得很清楚，其中在阿富汗、印度和俄罗斯出产的青金石，"在印度与中国之间存在着穿越尼泊尔和西藏的贸易活动。这种贸易活动已经延续了1000多年。孟加拉和阿萨姆向西藏出口纺织品、靛青、香料、糖、兽皮以及其他物品，卖给那里的商人，这些商人再拿到中国出售，换回来的是中国产品和茶叶，更多的是黄金（Chakrabarti 900）。"②青金石的蓝色颜料，在我国汉代以后的壁画中得到广泛的运用。苏麻离青（Samarra-biue）主要用在瓷器上，由于中东人喜欢蓝色，我们才烧制出青花瓷出口到这些地区，所以元青花保留最多的地区有伊朗和土耳其这些国家。

"地仗层主要无机物成分与澄板土基本相同，白粉层为滑石。颜料检测结果显示，红色颜料为土红、朱砂、铅丹。绿色颜料为氯铜矿，蓝色为天然青金石，黄色颜料为雌黄。"③各个时期的用料有较大区别，西晋的壁画用色以黑、白、红、蓝、绿、黄等为主，其他颜色也可以调配；到了宋代，在色彩认识上基本原理还是共通的，三原色和黑白等体系都很成熟。"在中国古代的壁画和彩绘上常用的矿物颜料中红色颜料有铁红、朱砂和铅丹；蓝色颜料有青金石、群青和蓝铜矿；黑色颜料主要是炭黑；绿色颜料有孔雀石、氯铜矿、巴黎绿、绿土、砷酸铜等等。"④

到了清代，由于外来文化影响，产品更加多样化，蓝色出现了合成颜料，这个是绝对新鲜的产品。"北五省会馆壁画除正殿发现一处红色染料外，其他

① 纪娟、张家峰：《中国古代几种蓝色颜料的起源及发展历史》，《敦煌研究》，2011年第6期，第109页。
② 贡德·弗兰克：《白银资本》，四川人民出版社，2017，第89页。
③ 崔强、善忠伟、水碧纹、张文元、于宗仁：《敦煌莫高窟8窟壁画材质及制作工艺研究》，《文博》，2018年第2期，第91页。
④ 王青：《大足宝顶山石刻的彩绘颜料分析》，硕士学位论文，重庆师范大学，2016，摘要。

均为无机颜料；红色颜料主要是铅丹、朱砂、铁红；绿色①颜料为氯铜矿、石绿、斜氯铜矿；蓝色颜料的主要成分是普鲁士蓝、smalt、石青；黄色颜料为雌黄、铁黄；褐色颜料的主要成分是铁红及铅丹的变色产物二氧化铅；黑色为炭黑；白色颜料主要是铅白，且多使用铅白作为调色颜料。"②

"我国晚清时代全国大部分地区的彩绘艺术，不论是中原内地，还是西北边陲，无论是佛教、道教寺院、家庙及各种建筑物的彩绘，均使用颜色浓艳的'鬼子蓝'。这是因为合成群青颜色比石青鲜明，而且价格便宜，市面上容易买到。民国二十几年间，'现时需用群青，均有外国大量供给，国内尚无厂制造'。"③这类贸易的形成我想应该和欧洲传教士的作用有一定的关系，商品的输入，宗教的传播，带来了不同的文化，一味蓝色的原料，也可透析出文化交流在这样偏僻山村的活跃。根据《西来的喇嘛》等书的记载，早在开埠之前，可能已有传教士到达武汉，鸦片战争以后，传教士的活动由秘密而公开，加上基督教在传播的过程之中，极力宣传信教是免费的行为，并辅以一些公益事业，吸引了不少群众信教。西方文化得以慢慢渗透入民间生活之中，也反映在鄂东山区的壁画之中。当地绘制于1910—1920年间的壁画中反复有绘制着西洋物品的场景出现，这些壁画都存在于民宅中，祠堂中还没有发现，不过吴氏祠的雕刻

---

① 单田芳讲述他在1974年左右，在长春制造水泡花工艺品，花装在有水的玻璃瓶里，特别好看，其中的花叶绿色颜料叫德国绿，这是他师傅最后传授给他的秘诀，染色后鲜艳好看，当时不可能买得到德国颜料，应该是解放前外国颜料技术流传下来的配方。
② 胡可佳、白崇斌、马琳燕、柏柯、刘东博、范宾宾：《陕西安康紫阳北五省会馆壁画颜料分析研究》
《文物保护与考古科学》，2013年第4期，第112页。本文引言记载："北五省会馆地处陕西省安康市紫阳县向阳镇瓦房店，瓦房店始建于清代乾嘉时期，素有'小汉口'之誉，因汉江航运发达，商贸繁荣，各地商人为便于联络，在沿江诸镇广建会馆。"而宋埠镇是举水河的重要驿站，下有歧亭镇，上有中馆驿。和汉江直线距离也就100公里，都是受到武汉文化圈影响重大的地区，所以在材料的选用上应有相同的来源。
③ 纪娟、张家峰：《中国古代几种蓝色颜料的起源及发展历史》，《敦煌研究》，2011年第6期，第112页。

图 6-02 红安吴氏祠洋房与火轮木雕

中，是有洋房、火轮、洋包车、洋房、洋伞和洋狗等题材的（图6-02）。

基督教进入中国后还是举步维艰，由于我们原有的宗教信仰和文化价值还比较稳固，西方文化，传播起来还比较慢。"从社会经济史的角度来看，我们鸦片战争以前的中国史，几乎是千年未变；而鸦片战后，则几乎十年一变。何以在社会经济方面，我们的传统历史是'静如处子'，现代又'动如脱兔'呢？恕我要言不烦，这个两千年未有之变局，实是西方东来的'帝国主义'推动的结果。"[1]晚清到民国，大时代如此，大时代下的湖北，也如此。在武汉开埠60年后，在大别山的偏远地区都已经出现了西方文化的痕迹，从壁画的颜料和图案看出西方文化的具体影响。

通过2018年夏天的集中调查，我们发现，宋埠镇的壁画的颜色品种包括朱砂红、合成群青、赭石、中黄、石青、墨黑、锌白等7种，反映在画面上超出这7种的情况，那是调色的结果，其实并没有跳出这7种的范畴，现在可能风

---

① 唐德刚：《从晚清到民国》，中国文史出版社，2015，第2页。

化了，没有当时那么鲜艳，但色彩的色素在那里，是不会改变的，因为有些颜色根本没有办法调出，必须满足色彩本源的红黄蓝三色的基本需求。整体看有了三原色的概率，还有素色的黑白——当然素色是5种，包括黑白金银灰5个色种，灰色可以由黑白中和得到，另2种色就由金粉与银粉来实现。

鄂东建筑的壁画依然有鲜艳的颜色，即便有些底子已经脱落，经过了100年的风化，还能保持得这么好，从资料上分析，其中的蓝应该是合成蓝色，不易褪色的特征反映出使用的是矿物颜料。从宋埠镇到汉口也就100公里不到，武汉作为九省通衢之地，汉口的批发市场享誉全国，壁画在当时那么普遍，矿物颜料在这些市场上应该都有销售。"汉阳、汉口与武昌三镇通过其间的大桥，而与长江和汉水的支流连接起来了。它们最初以其人口的密度（共计有近80万人口）及其商业的密集度，而使传教士们大吃一惊。古伯察写道：'此三城在某种程度上成了将其神奇的商业活动传向整个中国的心脏。'"①武汉这样商业繁盛的城市，有充足条件满足绘画颜料的供应。

乡村贸易集散地的逐渐形成，对沟通城市和乡村之间贸易起到重要的桥梁作用。"从大都会到乡村之间少有小型或中型的城市。规模较小的都市并不是那么必要，因为历史上收取乡村之盈余以供应城市借重的是政府单位，而非依靠商业力量来完成。但是在晚明和清朝中早期，随着都市与乡村之间的经济交换越来越市场化，大量的产品经由国内贸易的管道流通，一个更完整的城镇层级在多数区域中兴起，以支应乡村与大都会间的货物交易。北京、苏州、广州、南京与武昌在清朝时的城市规模可能不如在宋朝时的大，然而真正的都市化在别处发生。乡村的定期集市增多且开市的时间更密集，使其中有些逐渐提升为真正的市镇。而最活跃的市镇发展成为多功能的小都市，作为市镇和更大的区域性都市间的中介。"②在这样的进程中，乡村开始接受西方文化，显然

① （法）雅克玲·泰夫奈：《西来的喇嘛》，广东人民出版社，2017，第106—107页。
② （加）卜正民：《哈佛中国史·最后的中华帝国：大清》，中信出版社，2016，第114页。

是不可避免的。

这样的局面得以造就，和商业化在中国社会的产生有着密切的关系。"中国经济最显著的特征之一就是全国范围的商业市场出现得很早，依照某些历史学家的说法，早在宋朝时，商业就已初具规模了。种类繁多的商品可以在帝国的各个地区相互流通，凭借便捷的流通渠道，各地区致力于出产各自的特色产品，到明朝时，特色产品已形成规模。"[1]另外还有一个现象，是"城居地主"在清代早期就普遍出现，他们成为一个阶层，在乡村的影响力是巨大的，能迅速带来外来文化，且拥有经济实力修建含西洋化题材的建筑。[2]

中西交流的背景下，逐渐出现了乡村中点滴的西化景象。前面我们提到的红安吴氏祠的戏楼木雕，这样一道西洋的木雕风景的存在，的确令我有些震惊，当然类似的事物也不少，1840年之后，通商口岸的不断扩大，带来了越来越多的西洋玩意儿和文化，西洋题材在壁画之中的出现，同开埠后人们的所见所闻肯定有紧密的联系，所见所闻中有了这类题材，才可用其进行创作，所以我们见到，在宋埠镇彭英垸村的稻香家的屋檐壁画上，有了火车、轮船、洋人和自行车等内容，在青山叶有了火枪和自鸣钟。但绘画的手法，大部分还是继承了中国绘画的技法，特别是有古代壁画的风格与颜色得到了很好的延续，画神则飘逸出尘，写人则神情自若。

自鸣钟

"欧洲分裂所产生的这些结果与中国统一所产生的结果形成了鲜明的对比。除了作为海外航行的决定外，中国的朝廷还作出停止其他一些活动的决

---

① （法）包利威：《鸦片在中国1750—1950》，中国画报出版社，2017，第121页。
② （日）岸本美绪，刘迪瑞译：《清代中国的物价与经济波动》，社会科学文献出版社，2010，第356页。

定：放弃开发一种精巧的水力驱动的纺纱机，在14世纪从一场产业革命的边缘退了回来，在制造机械钟方面领先世界后又把它拆毁或几乎完全破坏了，以及在15世纪晚期以后不再发展机械装置和一般技术。"①巫鸿先生的书里也提到类似的问题，曾经是我们优势的东西，到了后来为何成为人家输入货品的重点，根本来看是政治问题。"他（乾隆帝）在位期间编纂的《皇朝礼器图式》（一七六六年完成）包括一千三百个条目，分在祭器、仪器、冠服、乐器、卤簿、武备各项之中。有意思的是，'仪器'一章记录了五十种欧洲的天文、地理和光学仪器以及钟表，包括一个巨大的西式时钟。"②把欧洲的天文仪器和钟表当成了国家的重要礼器，既然我们心态如此开放，不设防地接受外来文化，为什么没有赶上工业革命的列车？"虽然自1821年起，在道光皇帝的推动下，《大清律》中加入了禁止西洋人传播天主教的条款，但心有余而力不足。"③到1820年，清政府认为天主教传播可能带来统治危机，开始禁教，泼出脏水的同时倒掉了娃，连带着把西洋的先进技术也禁了。

"中国近代的落后和衰败，并不仅仅表现在经济、政治和外交上，而且更多地是表现在文化和思想观念上。不加分别地排斥外来文化和顽固地闭关自守，并非是爱国和救国之道；敞开大门，一切都全盘西化，更是饮鸩止渴。"④在鄂东考察时，我有时候感到一些困惑，像青山叶村这样比较保守和

① （美）贾雷德·戴蒙德：《枪炮、病菌与钢铁》，上海译文出版社，2017，第442页。

② （美）巫鸿：《全球景观中的中国艺术》，三联书店，2017，第54页。

③ 耿昇：《法国遣使会士古伯察的入华之行·译者代序》，载（法）古伯察：《鞑靼西藏旅行记》，中国藏学出版社，2012年第2版，第4—5页。从该书的《法国遣使会士伯察的入华之行·译者代序》第21面，能看出清朝驻藏大臣琦善的经历和态度，也能反映出当时传教的基本情况："他尚能回忆起他鸦片战争期间在广州与英国人和法国人打交道的情况，也比较熟悉天主教会传教士们在华活动。"所以为了防止藏族人改信天主教，当古伯察到拉萨的时候，琦善下令全面搜查他们的行李，并且还很快确定了他们离开的日期。最后，令古伯察一行8日内离开拉萨，经四川到澳门的。

④ （法）雅克玲·泰夫奈：《西来的喇嘛》，广东人民出版社，2017，第243页。

封闭的地方，是怎样开始接受洋物件的呢？我想既然在文化上是固步自封的，那么突破的取得应该是由于贸易带来的产品输入。"步入清末民国，这是中西文化的第二次激烈碰撞，西方文化在中国社会中传播的第二个高峰时期。随着'自鸣钟'在中国的成规模生产和西方传教士更为新颖的西方器物的引进，'自鸣钟'的时尚效应已经逐渐淡出了上层社会。加之中国被英国、日本等列强相继武力侵略，封建腐败的清政府无力与之抗衡，中国随时都有亡国的可能。因此，大部分文人志士的目光便由'西方奇器'转向'船坚炮利'的西方武器和比封建制度更先进的外国政治制度的探索上。温文尔雅的'自鸣钟'已经无法满足这一时期中国社会激进文人救国救民的物质和精神需求，如从民国史料记载中，只有《戊戌政变记》《雪桥诗话》《清史稿》三种文献出现'自鸣钟'一词就是很好的证明。'自鸣钟'已经无法作为西方文化的标志，再度被人追捧，让人垂涎。"①到清朝后期，随着开放口岸的增多，外来文化和商品逐步增多，自鸣钟已经在当地出现，但能够在山区看到自鸣钟应该还是比较稀奇的，将它绘制在墙壁上，占据和传统图案平齐的地位，所折射的乡村文化心态，值得玩味。

自鸣钟在鄂东山区壁画中的出现，表明钟表代表的精确时间观念已经在民间形成。"钟表进入中国人的生活，使中国人的时间观从传统的随意性走向了现代的规则化和制度化，人们计时单位也逐渐改为钟点，时辰这个延续了千百年的传统计时方式逐渐从人们的生活中消失了，这种变化无疑改变了中国人千百年来的生活习惯。"②计时方式的转变，最终促进了其他生活方式的转变。

钟表，在自传入鄂东山区，很长一段时间里都是属于奢侈品，"解放前分钟表、广货、鞋业、瓷器等店铺主营，经营者88户，约140余人，经营品种约二三百种，其中手表、怀表、搪瓷器皿、热水瓶等则属高档商品，仅富商大店

---

① 陈开来：《"自鸣钟"与近代中国社会的变迁》，《文化遗产》，2018年第2期，第148页。
② 王敏：《近代洋货进口与中国社会变迁》，文化发展出版社，2016，第233页。

图 6-03 麻城宋埠镇青山叶自鸣钟壁画图

才有售。著名的有高万兴、兴发祥、兰万顺、陆德记等商号"。[1]或许正因为金贵，钟表才得以在壁画之中出现。

　　自鸣钟壁画（图6-03）是个组合画，画面里不只有自鸣钟，还有花瓶，上面插着一支牡丹花，左边一个小枝上，挂了带缨络的玉璧，另外，还有一支孔雀羽毛。这样三件配饰分别代表不同意思，组合成对美好生活的向往。"悬璧就是把玉璧挂起来。文献称西周初年的实际执政者周公在祭祀天地时，曾经'植璧秉圭'。玉璧的上下都结束着帛带。植璧所反映的思想观念主要是对地下神明们的礼敬，是对死去世界的不安和忧虑。"[2]玉璧出现在画面中，有希

① 麻城市宋埠镇地方志编纂办公室编：《宋埠镇志（内部发行）》，黄冈日报印刷厂印刷，1989，第41页。
② 张丛军、李为：《图说山东：汉画像石》，山东美术出版社，2013，第5页。

求能得到神明的关注，得到相应的回报的意思。牡丹花是富贵的象征，象征着人们对优渥平和的生活的追求。孔雀羽现在不算稀罕物，但是在清朝，花翎代表官位，符合儒家教育的入仕理念。玉璧挂件还代表了做人的道理，象征追求君子的品质，也是儒家思想的体现。

花瓶旁边的自鸣钟也就是后来的挂钟，到二十世纪七八十年代，几乎每家堂屋都有一个。自鸣钟的造型是向上长形，后有三角形收口，开边条为木材制造，中间有一面玻璃，下覆表盘，后面隐藏着机械齿轮。从这个钟的造型来看，我们分析壁画师应该是见过这样的东西，但在当时的条件下，画壁画收入应该比较低微，画师不可能购买自鸣钟，所以细节上漏洞百出：首先12时的标志，他画成了15个时间标。还有标示时间的字母，"O""E""S""U""C"和两个"N"，还出现了几个不知是什么字母的东西，推测壁画师应该是凭记忆照着葫芦画瓢，但又没记真切，好在客户也不了解，大体上是一个自鸣钟就可以了，所以，钟表是个"符号""代号"和"象征"，目的只为代表户主的社会地位。

洋枪

我国是火药的发明国，也有自成体系的火器系统。"爆炸性的火药很早以来就为印度人和中国人所熟悉。中国人在10世纪时就有'雷车'，它们似乎就是大炮。我们很难把'火石'视为它物，在蒙古人的历史中经常提到它。旭烈兀在出师波斯时，其军队中有一支汉族炮兵。"[1]我们曾经也是科技强国，是世界重要的文明输出地，从蒙古军队的炮队就能看出我们当时在世界上所具有的科技实力和地位。我们国家有自己的文化和科技的体系，在明朝，我们自己生产的钟

---

① （法）古伯察：《鞑靼西藏旅行记》，中国藏学出版社，2012年第2版，正文第252页。

图 6-04 麻城宋埠镇青山叶火枪图

表已经达到与欧洲同等的水平,但很快自己放弃科技发展的路线。"中国的相对孤立状态与它先是采用技术后来又排斥这种做法有特别重要的关系,这使人想起了塔斯马丽亚岛和其他岛屿排斥技术的情形。"[①] "清军在鸦片战争中还使用了喷筒、火箭等土产火药兵器。……这类纵火兵器基本不具备实用价值,也没有取得什么值得称道的战果。"[②] 客观来看,鸦片战争时,中国军队和英军所使用的火器是有明显代差的,中国军队大炮品种少,火药爆发力小。

青山叶村的一幅军人题材壁画,分了三个区间四个人物,其中的左右两个区间有三个人物,有两个人物现在还清晰可辨,左边的从装束看应该是位将军,骑马弯弓,头戴云纹头盔,身穿马褂,手摸冠巾,马鬃直立起来,威风凛凛。从整个装束看,应该是明清两代的混合造型。右边人物和左边的比起来,显然地位要低一等,虽然也骑马,手拿红缨枪,但容易辨认是准备上战场的中下等军官,由于脱落比较严重,不少地方都已经看不清楚。

中间这幅画是一个站立的步兵,手拿火枪(图6-04),头戴翘角的毡帽,脖子系有围巾,从造型看有了一点西洋造型的感觉,似乎是个火枪手。从这幅画我们可以看到,武器正在进行更新换代,当时的生活、社会、军队都是一

① (美)贾雷德·戴蒙德:《枪炮、病菌与钢铁》,上海译文出版社,2017,第446页。
② 罗山:《职贡图——古代中国人眼中的域外世界》,广东人民出版社,2017,第166—168页。

样，正处在自觉或不自觉地剧烈的新旧交替中。

不光是政府军，连土匪都已经使用火枪。"有人向我们介绍说，在1842年，土匪曾成群结队地来到这里，把该地区抢劫一空。在人们最没有防备的时候，他们便从所有的通道和山口出现并分散在山谷各地，发出了阵阵令人心惊胆战的喊声，并在枪中装满火药，点燃了火绳捻。被这种突如其来的袭击吓得魂不附体的牧民们，甚至没有作想到任何抵抗，于是便随手携带一点行李而仓促混乱地逃去。"①古伯察所描述的东科尔河谷的故事，在鄂东山区也一样上演着，土匪用上了比较先进的火绳枪，预示千百年来鄂东山区的固有文化生态正经受着西方文化的猛烈冲击。

暗藏玄机的水壶与粉底盒

青山叶的叶泽普宅壁画（图6-05）中有三件常见器物：蓝色的粉底盒，一个水壶和后面的一个罐子，底色为黑色。粉底盒是典型民国产的缠枝花卉造型，"喜"字纹。画师为什么要绘制这三样寻常事物，我百思不得其解。

画面中的水壶，是当地叫"咪壶"的瓷开水壶，中间有文字"冰心一片在玉壶"，上面有闲章和落款章，但是都比较小，已辨别不出画师的姓名，两旁绘蓝色缠枝和红色花朵。水壶后面是一个长长造型的器物，状如罐子，到现在我还不知道它确切的名称，逛过不少古董店，都从来没有见到过。看造型，有点像香盒，但我在当地走访了20多个村庄，先后历时3年多，未曾见到这样造型的、类似哥窑肌理效果的瓷器香盒。最有趣味是，在这器物的把手位置，有"一日不见"②四个字，隐含了下句"如隔三秋"。放到现在，写在人家门头

---

① （法）古伯察：《鞑靼西藏旅行记》，中国藏学出版社，2012年第2版，正文第377页。
② 关于这个"一日不见"还有另外一种解释，可能性也许更大一点。一次在和一位本地同事聊天的时候，他说起小时候父亲告诉他下鲁班的事情，即下咒，在建房的过程之中，对有些事情进行报复，就在砖墙或木梁上动手脚，下咒语。所以这个"一日不见"很有可能是桃花咒，是画师给这家主人——应该不分男女，所下的咒语。

图 6-05 麻城宋埠镇青山叶粉底盒

上，也是大不敬，更何况是当时。这是什么原因，我们可以大胆猜测，是画师看上这家的女主人了吗？或者是他们家的小姐？是否是苦于没有表达的机会，所以"咪壶"的正面"冰心一片在玉壶"正是表达了画师仰慕的心思。画师的这种行为，是当地村民最厌恶的下蛊，或叫下咒，所以，直到现在，在农村盖房或城市装修，户主会尽力讨好工人，就是担心工人的这种恶劣行为。

我们向前追述，鄂州博物馆藏有一件三国时期吴国的粉底盒（图6-06），现在看，都算是结构精巧、制作精良的一件瓷器，有5层底盒，上有一个盖盒，加在一起是6层，每层都分有7个小格，大小不一，旁边留有卡槽，这样叠落起来更加稳固。同时，为了方便取出，在檐口部位设计有蝙蝠型收分，这样既有寓意也方便使用，整体饰青釉。

如今，这类粉底盒早已弃之不用，化妆品都有了精美的独立的包装，但是

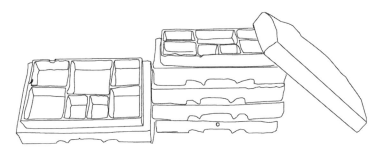

图 6-06 鄂州博物馆藏汉代绿釉粉底盒

其文化根脉还没有断，很多收纳盒的造型，就是粉底盒的现代演绎，只是材质多是塑料，也有草编、纸艺和木制等，有抽屉与分盒，结构也很精巧，颜色多样还很轻便，耐摔度比瓷器要好很多。

洋轮

在鄂东地区的房屋壁画和木雕中，轮船也多次出现，包括红安陡山吴氏祠的戏楼木雕，麻城宋埠彭英垸的彭尚周宅子的墀头壁画。2019年，我第二次考察盐田河的雷氏祠时，发现在外立面左边窗户上方有一小块轮船题材的壁画，印象极为深刻。雷氏祠正面其他的壁画都是传统题材，包括《张良拾履》《百花赠剑》《萧何月下追韩信》《西游记》和《竹林七贤》等，偏偏在最下面一排的正中间，出现这样一幅西洋题材的画面（图6-07），确实出乎意料，下意识看了对称的右边墙体，却是花卉的图案（此图为10多年前重新绘制，判断原壁画应该是火车题材的壁画），没有再出现西洋文化题材的壁画，更显得突兀。

"西方新式交通工具的快捷方便使人们出行花费的时间大大缩短，如轮船以蒸汽机为动力，行驶速度快，当时有人作《竹枝词》咏'火轮船'：'报单新到火轮船，昼夜能行路几千。多少官商来往便，快如飞鸟过云天。'西式交通工具不仅实现了交通机械化的革命性变革，而且给人们的心灵带来震撼，使

图 6-07　雷氏祠洋轮壁画

人重新认识自己生存的环境，依靠西方产业技术革命带来的交通上的便利，中国与世界现实的空间距离在感觉上缩小了，直接改变了人们心中关于'远'和'近'的观念，远方不再令人畏惧，反而因触手可及而令人向往。由此可见，轮船、火车这类代表先进技术的洋货使中国人切身感受到近代工业技术的发展，对中国人的观念具有震撼和启蒙的作用，也由此改变了中国人内心假定在世界上所处的空间位置。"① 壁画居于房屋檐口的前后位置，这样的位置是除中间核心位置外的第二重要位置，在这样的位置之中绘制火轮船的壁画，是空间观念现代化的重要表现。

这艘船绘制得很有趣，绘画者肯定没有看到过工业时代的舰船，两个烟囱，冒出浓浓黑烟，表明这是艘蒸汽动力船。但图上又绘有前后两根木帆船桅杆，而且偏于船身一侧。旗帜是黑、白、蓝、红四色，不知是哪国国旗。整个船

---

① 王敏：《近代洋货进口与中国社会变迁》，文化发展出版社，2016，第235页。

体有三层船舱，是当时客轮的标准，当时的军舰，一般没有上面的三层客舱。前后甲板上站着标准的外国士兵，后面一个在测风向，前面的士兵手持长枪，在进行操练。所以，这艘船是一个融合了军舰、客轮和帆船三种形式的混合体。画中的人被充分夸大，超出了三层客舱的高度，看得出当时的画师，还没有了解透视的学科规律，仍是按照中国画的意向和构图，来表现西洋题材。整体来看，尽管有多处细节错误，但画面稳定，背景用的还是中国山水画技法。

工业时代的火轮出现在如此闭塞的小山村的壁画中，可见西方工业文明的能量是何其大，当时的中国社会处于千年未有的变局。"中国人对外国科学技术——或者其他东西——并非都意见一致。高官们甚至反对几乎所有的出口。另一方面，许多皇族成员和汉族高官都反对接受西方的一切。他们认识到西方的价值观、制度和机器会破坏中国文化和他们自己的权力。但是另一些人认识到，欧洲技术的背后有重要的理念。诸如握有大权的官员曾国藩（1811—1872）、李鸿章（1823—1901）、左宗棠（1812—1885）和张之洞（1837—1909），从鸦片战争知道了采用外国技术是抵御外国人的唯一可能方式。大约1860年以降，他们购买外国的机器、雇佣欧洲人造机器并训练使用者。1874年，李鸿章提出，必须有铁路和电报来抵御海军袭击，朝廷允许他们为军事目的修筑铁路。"[1]鄂东民居建筑的壁画题材，不是对技术的传播，是透过现代化的题材，表达户主的心理需求。

第二节 黄土: 本土文化的坚守

总体来看，鄂东建筑装饰中，西方文化元素毕竟还是少数，一栋房子的壁画中，主流的还是本土文化的题材，以及与之相适应的传统图案、纹样等。如

---

① （美）席文，《科学史方法论讲演录》，北京大学出版社，2011，第67页。

图 6-08 麻城宋埠镇彭英垸福禄寿壁画图

果说汉代房屋、墓葬中的大量壁画主要反映了求仙思想，到了清代末期，这样的思想早就发生了转变，以传统图案、戏文故事、典故为主要题材的鄂东建筑壁画，主要目的已转变为祈福，精神追求与物质追求共存。

门头永恒的三喜图

在建筑槽门的门挡上，出现最多的就是"福禄寿"（图6-08）的文字，这代表了当地居民对生活的最高追求：期望家庭和谐，幸福美满，子孙能当官，老人能长寿。"中华民族非常崇尚吉利祥瑞的说法，希望大家都过上幸福的日子。很久以前，我们的祖先就已经有了追求'五福'避讳'六极'的讲究。《尚书·洪范》记载'五福'说：'一曰寿、二曰富、三曰康宁、四曰攸（遵行）好德、五曰考终命（年老善终）。'后来汉朝桓谭写过一篇《新论》，对于'五福'，又有了一点局部修正，书中指出：'五福：寿、富、贵、安乐、子孙众多。'"①

---

① 郭志华：《论"福禄寿喜"民俗观念在剪纸中的体现》，《艺术探索》，2007年第2期，第34页。

图6-09 麻城宋埠镇青山叶福禄寿壁画图

　　"福禄寿喜,用来寄托良好愿望,渲染喜庆气氛,祈福致祥,已成为中国人热爱生活,努力创造幸福、美满和财富的心理的外在反映。尤其是民间艺术,吉祥主题始终是贯穿其中的主要内容,民间艺术中的福禄寿喜图并不仅仅是艺术审美形象本身,而且是与普通民众的精神需求和生活追求紧密结合的富有现实意义的艺术形象。"①

　　我们发现,福禄寿题材的壁画都是居于大门上方的屋檐处,由这样的题材可见,人民对美好生活的向往是多么强烈,在三位神仙之中,"禄"都被放在正中间,户主对财富和权力的渴望溢于言表。彭英垸福禄寿壁画,只表现了这三位神仙,在大多数的建筑之中,也都是这样呈现出来的,但青山叶福禄寿壁画图,不光有这三位神仙,还有侍女等总计十位人物形象(图6-09),将"禄"神进一步抬高,给予其如同皇帝般的地位,这是户主故意夸大表现,是一种比拼心理作祟。特别是在青山叶出了叶泽普这样的大资本家,那是全村人仰望或攀比的对象,户主通过壁画的呈现,达到在心理上对叶泽普的优势。在田野调查中,乡村里相互攀比处处都有显现,出现在壁画中,不足为奇。

　　在宋埠镇的黄家大湾采访的时候,有一段小小的经历,就和福禄寿三喜有

① 刘可人:《从民间吉祥图形福禄寿喜中寻找广告的创意》,硕士学位论文,中南民族大学,2011,摘要。

关系。我们去黄家大湾调查时，那里的老建筑基本被改造完了，传统风貌荡然无存，仅残存有带壁画的墙砖镶嵌在新修建房屋以外，另有两栋带天井院的生土平房保留了下来。但是在这个村子里我们发现了三组雕刻精美的石雕，是我这么多年考察鄂东民居建筑以来，第一次看到这种类型的雕刻。这些都是门楣的雕刻（图6-10），我取名为八件套石库门，门楣是门上面的部分，由三件组成，包括门楣和两个榫头，我有时候叫它"犀头"，但是明显不对，当地人叫它龙头。第一对是在村外的黄氏祠堂所见，另一对是在村中的改建房见到的，雕刻为垂下式的狮子，材质为红色砂岩，非常漂亮，雕刻尤为精细，在我所考察的鄂东民居建筑之中首屈一指。第三个门楣最有意思，上面雕的字我一个都不认识，琢磨半天，脑海中突然蹦出"福禄寿"三个字，猜想它或许是这三个字的变形（图6-11）。

在农村调研中，经常在建筑的雕刻或壁画中见到难以识读的字，譬如红安县华家河镇祝家楼传统村一栋不起眼的房屋中，有一个字难倒了好多教授，至今没有准确答案。其实传统书法艺术或装饰艺术中，对字做新的设计和组合，并不少见，当下也有运用，

图 6-10 麻城宋埠镇新黄氏祠堂大门石雕雀替 ①

---

① 2018年8月3日以来，我一直在宋埠考察壁画，主要在097乡道沿线的村庄考察。由于前几次考察099乡道，收获比较大，所以接着沿097乡道考察。沿途考察孝义堂、杨家湾和黄家湾，在杨家湾看到了大别山西麓经典建筑"8大间"，房屋是前后进，前面3间，后面5间，在这个村子里是最好的建筑。从建筑的风貌看，建筑物应该是清末修建，建筑的檐口现在看是清水做法，檐口密檐三个叠级，没有五七层高，但是也不错了，其他建筑都是悬山顶。我主要考察壁画，问当地老人，说村子里没有带壁画的建筑，老人还提供了一个信息，就是里面的格扇墙为格子造型，很气派，一般人家没有。孝义堂是黄氏祠，原本有老祠堂，解放后拆掉了，现存建筑是2014年新修建的。建筑为单层一进，前面是传统牌楼式，比较小。没有机会翻阅黄氏家谱，不清楚祠堂原本的造型，只是槽门的墀头给我的印象比较深，为垂花式狮子造型，雕刻十分精美，是我所见到的除阳新伍氏祠石雕之外的精品。在黄家湾还看到了另外一件门头，是三个臆造的字，这类搞法也不罕见，特别是红安的祝家楼有个类似"毒"字在门头，显得特别莫名其妙，我想没有人会把这样的字刻在自家门头，真是不好解释，到现在还有个字没有人能辨识。而此次见到的这家牌楼特别之处在于把"福""禄""寿"三个字进行重新设计，把"福""禄"的左边去掉，右边保留，再在外边框上一个马头墙的造型，这个造型在半坡的骨器里有雕刻，巫鸿的《中国古代艺术与建筑中的纪念碑性》一书第85页有幅图片，上面站了一只金翅鸟。三个字的外框都搞成这样的造型，我感觉是个"商"字，就走访了村里的老人，没问出个所以然。后来看到一家人在改建土砖房，出于职业的敏感性，我进去看看，了解到他们家的房子是分地主时得来的，他家墙上有壁画的残件，有好几块非常精美，色调柔和到位，就是不知画的是什么。主人告诉我，他们是拆掉旧房来盖这里的建筑，原本这个坑里，有很多这类建筑，但是现在一间都没有，被断断续续拆掉改建了。2018年8月6日晚上，刚刚吃过晚饭，我把上次写变形的"福"字给我们家孩子看，她一口答出是福字，还说外边的造型是房子，表示"家里有福"，我认为孩子的解释可以聊备一说。

图 6-11 麻城宋埠镇黄家大湾福禄寿门楣雕刻

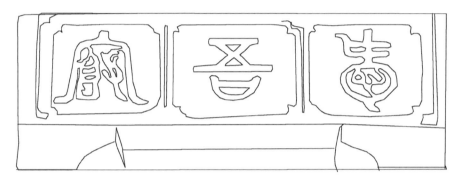

图 6-12 红安县华家河镇祝家楼门楣雕刻

最典型的是"招财进宝"的四字组合，为大家熟知。具体到鄂东建筑门头上的这些难以识读的字有着怎样的深意，"兼具地形轮廓与'天文'字体双重含义的逶迤形态很大程度上是由于后者传说中的通灵能力而获得了辟邪的功用。另一方面，考虑到逶迤的形态仿效、隐喻着'天文'，则也可以被视作与灵异世界交流的独特方式。"①我想上面这段话应该很有参考价值。

我们第一眼看到这个字，以为是"毒"字（图6-12），但是很显然，门楣这个位置，不可能放这个字。我将整个字分上下两个部分，上面一个"牛"字，做了像小鸟形象的变形，下面一个包围的结构，整个造型也像一头牛，圆

---

① （美）吴欣主编，（英）柯律格、（美）包华石、汪悦进：《山水之境：中国文化中的风景园林》，生活·读书·新知三联书店，2015，第74页。

鼓鼓的造型，还带一条尾巴，中间是个牛头的造型，那么这两个牛合为一块的组合，显系农耕文化的题材，有了牛才能有家园，应当是农耕文明的表现。

2019年8月2日，收到我校中文系老师传来的结论，这三个字为"爱吾馆"或"爱吾庐"，对这个解释，我心头还有疑云。"6世纪的著名书法家庾元威在一篇文章中说他自己曾经用一百种不同的书体来书写一块屏风。其中既有墨书也有彩书。他还列举了这些书体的名称，如仙人篆、花草书、猴书、猪书和蝌蚪篆等。"[①]我们古人在字体的书写过程之中，特别会创造，按照今天来说，就是专门不用标准字，所以，这三个字也许就是这里提到的一种篆书，意欲完全理解这三个字，要从建筑、户主等因素全面考虑，要从整体环境去考虑这几个字的最终意境。因此，具体是什么字已经不重要，作为建筑上的装饰用字，对家庭对子孙的祈福，依然是永恒主题。第二天我又咨询了我们单位的一位书法博士，他的回答："这是篆书，右一是'爱'，右二是'吾'，右三不确定，可能是个廊字。"这下又成了悬案。右三的广字头表明该字肯定和建筑相关，加上存在的位置，是民居的门头，这一点当确凿无疑。门楣上刻字，大门于无形当中被抬高，加大了房屋的中轴线的存在感。同样的，盐田河王家大屋的门头，刻有"及第光辉"（图6-13）四字并绘有壁画，从下到上，总共有5层壁画，丰富的缠枝纹、连珠纹、万字纹、水波纹和吉祥图案等，皆为集中抬升大门的存在感。

游艺

壁画的题材不光是说教祈愿，诙谐幽默的内容也不少，创作这些内容的无名壁画师肯定童心未泯。每个人的童年都有自己喜爱的游戏，比如男孩子钓鱼摸虾，女孩子跳皮筋和跳房子等，这幅壁画（图6-14）乍一看以为是孩童

---

① （美）巫鸿：《礼仪中的美术：巫鸿中国古代美术史文编》（郑岩、王睿编），郑岩等译，生活·读书·新知三联书店，2016，第682页。

6-13　盐田河王氏大屋的"及第光辉"门楣壁画

在玩，一开始以为是钓鱼，但是下面这个明显不是鱼，那么又猜想是虾，可仔细看也不是虾，中间的也不是钓鱼竿，是一个类似钱串的东西，所以最后猜测下面是个神兽，在和孩童进行神游。由于暂时还没有找到具体的图案意义，留下悬念，有待今后研究。正巧，我在2019年考察盐田河雷氏祠的时候，见到戏楼上有类似题材的一幅石雕，第一次解读其图案时，误以为是"女人体"的造型，难道是生殖崇拜？不禁诧异理念如此大胆。后来在和武大哲学系刘春阳教授聊天时谈及此，他并不认同，后来拍摄到高清照片，在电脑上把图片放大后，看到了下面是一条完整的鱼，此时才明白，雕刻的图案是二十四孝故事中的《卧冰求鲤》。通过这次考察得到的启发，我这才真正理解这幅壁画的意思，虽然主题严肃，但是，画面意境轻松，似有孩童的天真活泼。

说书曾经是我国重要的民间艺术形式，直到现在还很受欢迎。在清代，说书更加兴盛，鄂东山区，经常有表演队到村子里，每家给一点米就可以听书。

图6-14 麻城宋埠镇青山叶《卧冰求鲤》壁画

"口头传媒是指在城市的露天市场或酒店、茶馆等场所活动的，形形色色的流行娱乐节目表演者：街头卖唱的、娈童、演艺者、吟夫、说书人以及汉口最负盛名的快板表演者。汉口独有的最显眼的是一种'唱婆子'，他们是职业的民间艺人，常常穿着黑色的衣服，涂着白脸，挎着竹篮子，打扮得像是走街串巷的女裁缝。"①这种口头传媒不仅充当通俗文化和新闻的传媒者，还是当时的社会价值观念和信息的传播者。

大鼓书（图6-15）和后面的放鞭炮的壁画（图6-16），是系列壁画场景之中的两个，整个房屋的檐口上原本都是壁画，只是门头上方由于损坏，大概有两米长的壁画已经消失，但是其他地方都基本保存完好，局部有脱落现象。说大鼓书也是表达喜庆、欢快的意思，在状元快进家门的时候，全村都很欢快，画面中一个在卖力敲鼓，另一个在敲锣，相互配合默契。

放鞭炮游戏的壁画，首先给我的疑惑是，通常女孩子较少燃放烟花鞭炮，而在这幅壁画之中，恰恰就是两个女孩在放鞭炮，还没有放，自己已经胆怯

---

① （美）罗威廉：《汉口：一个中国城市的冲突和社区（1796—1895）》，鲁西奇、罗杜芳译，马钊、萧致治审校，中国人民大学出版社，2016，第26页。

图 6-15 麻城宋埠镇青山叶大鼓书表演图

图 6-16 麻城宋埠镇青山叶洛阳点炮图 ①

了。画面中一个女孩隔着老远伸手过去点火，可见十分害怕，后面的一个女孩两只手缩在袖子里，捂住自己的耳朵，整个画面生动形象，非常精妙。

在调查的过程中，一位老太太告诉我，这幅壁画表现的是一个戏文，由于我不懂当地方言，没有办法全面记录，只是知道戏里的男主角在湖南经历千辛万苦，后来终于考中状元，我猜测，这里放烟花鞭炮是欢迎的意思，在考中状元后，进行庆祝的活动，所以这个壁画可能是戏曲的经典故事之一。"一位从江南来的寓居者曾描述汉口戏院中的听众是多么有知识和通达人情世故，并肯定地指出：其部分原因应当是由于他们时常听经典戏剧节目，而且这些节目有

① 补充再认识，2020年5月28日，我考察红安县八里镇谢家湾的一栋建筑时，看到上面有同样题材的壁画，画面题字为"洛阳点炮"，旁边是一幅《西湖借伞》壁画，未找到出典。2020上半年，我咨询了廖明君教授，他的解释为：《洛阳点炮》是秦腔传统折子戏，出自本戏《玉虎坠》。《西湖借伞》是中国四大民间古典爱情故事《白蛇传》传说的重要情节，它拉开了主人公白娘子和许仙的爱情故事的序幕，反映了白娘子对人间美好爱情的向往和追求，初步展现了主人公白娘子和许仙以及小青的性格，为分别塑造他们的形象奠定了基础，后来成为传统戏曲《白蛇传》的重要一折。

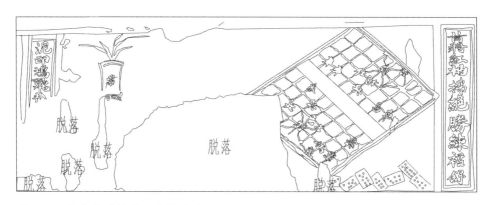

图 6-17 麻城宋埠镇青山叶棋牌图

许多形形色色的地方剧种。"①作为当时重要的娱乐方式，当地人对戏曲的喜爱可谓痴迷，戏曲对百姓也起到很重要的教育作用。

青山叶村壁画中还有棋牌图，从题字看，作者为王时在，作画年代为1916年仲秋，和前面的三幅壁画年代一样，就在绘有那三幅壁画的建筑旁边的另一栋里，但和那三幅比较，在艺术成就上要逊色很多，具体表现为：只用黑白两色，没有彩色形象，表现不生动，绘画也很随意，有构图不稳定等缺点，但是也传达出一定的信息，譬如年代和作者等。画面之中，有一盘象棋的残局，旁边散落八个牌九，左边是个花瓶，上面有一株兰花（图6-17）。从题材看左右都联系不到一块，无法解释整个画面的准确意思。

难以理解的是，牌九也被画在墙面的壁画中，由于当地很多人在外地做生意，家资富有，当时社会的风气，赌博成风。且大别山地区，历史上就山寨林立，土匪横行，社会管理比较混乱，清初于成龙任职黄州同知和知府后，长期

① （美）罗威廉：《汉口：一个中国城市的冲突和社区（1796-1895）》，鲁西奇、罗杜芳译，马钊、萧致治审校，中国人民大学出版社，2016，第26页。转自：参见叶调元：《汉口竹枝词》卷五，12—14页；卷一，6页；《申报》光绪五年一月九日及七年九月二十五日；另见海关总税务司：《十年报告，1882—1891》，191页。

驻扎在岐亭、宋埠和白果，目的就是剿匪。赌博用的牌九上墙面，或许正是不良风气在现实生活的写照。

在大别山地区，保留有这么多的建筑壁画，如何去保护这些壁画，的确是个难题，现在是人才短缺，没有修缮的技术，原料和资金同样短缺，对建筑都不能很好保存，壁画更是难以顾及。目前来看，鄂东古建筑的壁画还没有任何的保护经验和措施，甚至知道的人也不多。湖北的古建筑很有自己的特色，在壁画的保护之中，我们采取的主要措施，还是立足宣传，让参与的人员多起来。在保护方法方面，不是修旧如旧那样简单，要重在保持历史的痕迹。对于将要脱落的壁画和歪斜的建筑要进行加固，风吹日晒严重影响壁画的保存，譬如范氏祠的壁画，脱落得非常厉害，颜色也浅了很多，主要是由于门朝东，晒得太厉害了。2020年暑假期间，我精心拍摄了20余栋古建筑的壁画，只有30%的壁画还保持基本完好，65%的还能基本看懂意思，其余损坏都比较严重。

第三节 小结

从建筑功能性的角度看，壁画实用的价值不大，但是其美化和教育的意义重大，有画屋的户主在当地社会地位更高。从清朝末年到民国初年，鄂东地区修建了一大批装饰壁画的建筑，在大部分很素净的立面建筑中，壁画确实起到画龙点睛的作用，自然占领了建筑C位，吸引人们的眼球。从这些壁画中能看出那些经商的鄂东人，开了眼界后，很容易吸收外来事物，把各类新奇文化都通过壁画表达出来，于是乎"洋人""洋楼""洋伞""洋车"等都在壁画中有体现，同时他们也不忘传统，各种戏曲故事和说教也粉墨登场，《萧何月下追韩信》《状元及第》（图6-18）、《文王访贤》（图6-19）、《坐隐棋谱》《桃花扇》《麒麟》（图6-20）、《鲤鱼跳龙门》和《福禄寿三喜》等经典故事和图案诉说着对美好生活的期待和向往。所以壁画早已不只是画，是鄂东人

图6-18 盐田河镇王家大屋状元及第壁画(上)
图6-19 文王访贤壁画(下)
图6-20 寿桃造型的麒麟壁画(中)

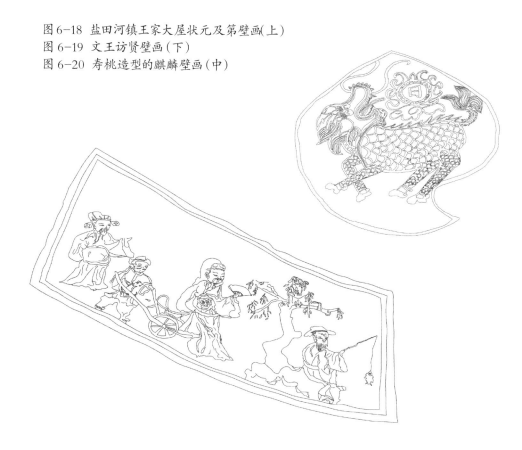

民精神的家园。

　　本章研究鄂东地区的壁画，并不只专注壁画的图案，而是透过壁画研究在中外交流的条件下文化的融合与相互影响，选择中古时期和清末两个时间段，中古是陆上丝绸之路带来的青金石的蓝色文化传播，而清末是西方文化在鸦片战争之后形成了对我国文化的强势和深远影响。最后主要讲解作为壁画师（不是艺术家）这样一个普通匠人群体还是有文化传承的自觉，壁画内容还是以传统题材居多，西化的题材只是调味剂。

　　壁画研究中最遗憾的地方是没有走访到相关艺人，师徒传承、材料的选购、艺人与户主的交流内容和壁画绘制的经验，都无法深入了解，期望在将来的走访中能有新的收获，可以丰富研究的成果。现在来看，从民国十年以后，当地就绝少有画屋的营造，这门技艺可能已经失传了。到解放之后，我们很难看到传统的建筑壁画，当地的家具上，绘制精美的现代与传统结合的壁画，或许这些壁画师傅或他们的徒弟，已转做家具的绘画了。在宋埠彭英垸的一户人家，见到他家条几两旁的生土谷仓里，藏有精美的现代壁画（图6-21），底子应该是传统佛教题材的壁画，有荷花，为绿线红点，在解放后，中

图 6-21　彭英垸谷仓内叠层壁画

图 6-22 绘制有桐枧冲王氏祠堂壁画

间部分被重新粉白，书写"大海航行靠舵手，干革命靠毛泽东思想；伟大的领袖，革命的导师"，为褐色标语，长时间沉淀之后，前后的绘制，色调和构图融为一体，成为一幅"新"画，类似壁画发展的"灰坑"感觉。

　　2020年6月初，我在东冲村调查，看到一户人家的客厅里，绘制有三幅壁画，中堂绘制了巨大的场景山水画，山墙两旁也有小一点的壁画，右边一幅为《西厢记》，另外一幅为《桐枧冲王氏祠堂》（图6-22），户主说"他（画师）要画桐枧冲王氏祠堂"，看来题材是画师定的，画面主体是王氏祠西侧面建筑立面造型，画面上还有"锦绣河山"的象鼻山和"一九九四年秋，乾坤画"的计时题款。这时的壁画，有现代插图的艺术表现手法，和我们前面所说的传统壁画和解放后的宣传画，有了天壤之别，绘画者在当时肯定是乡村里"文化人"，但传统壁画技艺全失。

第七章

故事：别出心裁

整个鄂东地区主要包括黄州、鄂州和黄石三个地级市，以及武汉和孝感市一部分，周边分别与河南、安徽和江西三省接壤。由于僻处大别山的西部，历史上的很多祠堂、文庙、牌坊、学堂和民居建筑都有保留。黄冈师范学院作为鄂东地区的院校，有责任对这些历史建筑进行调查研究。罗田县陈家山村的选址，代表鄂东建筑的居住观念，也是我研究鄂东建筑开始的地方。其次红安吴氏祠古建筑群，是鄂东建筑的代表，建筑规模宏大，装饰精美。但本节以建筑的防水技术为研究对象，探寻鄂东建筑的技术智慧，也属于微观的细致研究。宋埠镇青山叶的壁画是鄂东地区比较繁华和集中的村落，有资本家和地主两种身份的户主，考察户主对建筑和壁画的影响，重在人文研究。

第一节 峡飞凤成形：罗田陈家山生土建筑礼制特征研究

　　陈家山[①]在历史上被誉为"凤凰晚日"，村庄从营建至今200年间，依然能够遵循原设计者的设计意图，保持宛如"凤凰"的造型，格局特征未改，与家谱记载的相对比，整体风貌依旧，建筑传统文化得以延续。祖堂屋内"礼厅"

---

① 陈家山的建筑风貌、规模和样式具有多样性，是个大村落，沿着山脊分布，新旧结合，村子里有祠堂、民宅、寺庙和池塘，其他的配套景观也不少，古树参天，植被茂密。旁边的胡氏祠，虽然建筑规模不大，而且有些破败，但是木雕精湛，我是第一次看到大别山西麓有这样高水平木雕，感到十分庆幸。在快到村子的位置，看到一个石拱桥，不知道具体年代，上部的圆拱修葺整齐，是比较优美的桥梁。

这一独特的建筑形式，其雕刻精美，建筑寓意深刻，用模型代表一桩房屋在古代建筑中本身很少，蕴含着建筑的选址规划、营造和装饰等文化内涵，表现出丰富的礼制建筑特征。陈家山村位于湖北省罗田县胜利镇北，处于鄂皖交界大别山腹地，村中80％的人口都是陈姓，海拔平均约748米，人口680多人，水田400亩、旱地800亩、山林4500亩，森林覆盖率高。过去对外交通不便，到二十世纪九十年代才通简易公路，现为村村通水泥路。处于群山环抱之中的整个村子郁郁葱葱，梯田形似玉带，黄色土石混合墙砖配以灰色瓦片，倒影在波光粼粼的池塘中，美丽而和谐，明代弘治版《黄州府志》用"凤凰晚日"来形容，历史上就是罗田八景之一。

整个村落位于山坳之中，由于空间落差大，远处观看，房屋层次错落有致，四周群山环抱，优美和谐。选址特别讲究风水，村落整体为凤凰造型，源自西山的来凤岗，形似凤冠，现保留有一座山庙，顺势而下形似展翅凤凰，村落就布局在凤腹的山坳之中，正南面有一小山，寓意聚财山，后山是红色砂岩山体，山顶植被茂密，村庄的建筑依山而下一字排开，舒展有序，西北山上是家族墓地，整体结构基本符合建筑风水"坐北朝南、背山面水、左祖右社、负阴抱阳"的理想标准。

建筑坐北朝南，背山依次叠累，最重要的祖堂屋位于"凤凰"的腹部正中心位置。村落建筑布局类似"九龙攒珠"，加之落差大，非常沥水，避免村落被泥石流覆盖和遭遇水患的危害，规划满足科学合理居住需求。家谱《义门陈氏宗谱》卷三记载："右地干龙过，峡飞凤成形，左仓右库，前障后屏，崇山峻岭，修竹茂林，义门分派，江州余声。"[①]（图7-01 图7-02）如今，除村庄规模在扩展外，其余没有太大改观，保留了村庄规划布局、建筑中轴线和主体建筑等。别出心裁精心布局的最终目的，在满足建筑功能需求的同时，体现出

---

① 《义门陈氏宗谱》卷三，无页码。

图 7-01　家谱阴宅规划
图 7-02　家谱阳宅规划

建筑的礼制观念，特别是把村庄的祖堂屋建筑，放置在中轴线的核心位置，表达对祖先的崇敬之情。这一布局做法在我国的建筑历史中历来就有，《礼记·曲礼》记载"君子将营宫室，宗庙为先，厩为次，居室为后"。

　　陈氏祖堂屋（图7-03）在建筑、精神层面和承担的作用上占据核心位置，具体到建筑规划布局和用地标准都充分体现出这一特点。首先反应在建筑面积上，占地400多平方，是一般居住面积的5倍，村落本身位于山坳之中，用地特别紧张，在最初的规划布局中，拿出如此多的地来建祖堂屋，目的是依托建筑本身强化家族整合的意识，延续家族的血脉，以及维系家族的凝聚力起到无可比拟的作用。其次村庄的最初规划还有仓库位置，位于堂前两侧，现在早已改建为住房，堂屋左右和后面建了一圈围龙屋，陈氏家族依照长幼次序，建筑有序地分布在堂屋周围，其中叔辈上房位于堂屋的西北角，离祖坟也比较近，家族两个最为重要的位置都能照看得到，下面兄弟四家，分别居住在堂屋的下方两旁，其中二房无子嗣。陈家山现在已经发展成罗田县第一大村庄，所以四房后人距离最远，现离祖堂屋500米开外，

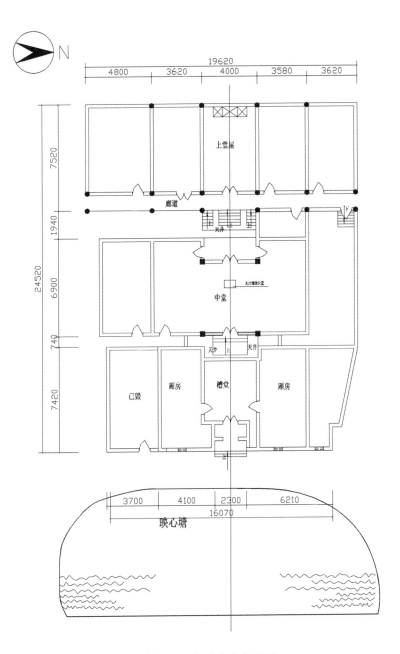

图 7-03 陈家山祖堂屋平面布置图

子嗣居住的排列顺序能明显反映出长幼秩序，以及家族人员社会等级差别。其三，村中原有两棵风水树，分别是枫树和皂角树，起到衬托村庄之用，它们历经沧桑，直径都在1米以上，现皂角树还存活着，枫树在1995年遭雷击死。堂屋右边山头上种植很多竹子，保留村庄最初规划要求，即在族谱陈家山阴阳二宅合图里的"风火罗带"位置，四季常青，与风水八卦里的震位代表春天相符合。整个陈家山村落的植被很高，风水树和植被的布局可以美化村庄，调节视觉关系，我国建筑历史上就有树木种植多少，体现出建筑等级的关系，一般在村宅建设上都种植有风水树，为整个村庄聚气纳祥。

过去，堂屋主要用于"六礼"，是宗法礼仪空间，举行祭祖、迎宾客、婚丧嫁娶、家族和节庆活动的场所，堂内供奉历代祖先牌位，重要节日之时，族长带领全体族人拜祭。《礼记·王制》明确记载依照社会关系而确立起来的祭祀等级："士一庙，庶人祭于寝"，以及修建庙宇的严格等级观念，这一规定延续到元末，明初朝廷允许民间联宗立庙，纪念祖先，完备祖制，民间祠堂应运而生。

当地志书等典籍对祭祀礼制也有明确规定。据《黄州府志》记载："士大夫有家庙，余惟奉祖主于中堂，四时节序及祖先生忌皆奠酒、焚楮以祭。"[①]《黄冈县志》记载："庶民祭于墓，士大夫立庙者祭于庙，四时节序及生忌日祭于寝。其庙祭，序长幼，族长为主，具牲醴、几筵、楮币。祭毕燕饮，分胙而还。世家有祭田以供时祀。"[②]《麻城县志》记载："其家祠祭，序长幼，族长主之，具牲醴、几筵、楮币。祭毕燕饮，分胙而还。世家有祭田以供时祀。社：敛钱帛、牲醴以祀土神，祀毕，少长饮焉。"[③]从当地三种志书记载中我们了解到，祭祀是在族长带领之下，按照等级高低依次进行的，供奉祖先

① 《黄州府志》卷一《民俗》，乾隆十四年刻本，第133页。

② 《黄州府志》卷一《民俗》，光绪八年刻本，第105页。

③ 《麻城县志》卷一《民俗》，中华民国二十四年，汉口中亚印书馆承印本，第120页。

的牌位放置在中堂，祭祀的时节和准备的各种礼仪行为都有具体规定。宗法礼仪制度的发展是逐步渐进的，在民间所扮演的角色也越来越重要，是被普遍接受的世俗价值观。陈家山村落不遗余力在村中最重要的位置修建祖堂屋，建筑整体有3栋，分别由槽堂、中厅和上堂屋组成，由天井院落组织空间，沿中轴线依次递进，建筑总共15间，其规模在陈家山所有建筑中最大，整体建筑特别讲究正统，符合建筑本身代表的宗族家长制意义。

保留下来的建筑以陈家山的堂屋为中心，组合成整个村庄。由于地处山区，建筑用地开辟困难，虽然每进房子都是由天井院组合而成，但天井特别窄小，用不超过2米宽的庭院组合空间。前两进落差小，置3步台阶，上堂屋的建筑落差最大达1.3米，在中轴线上置7步台阶，是整个村落最重要的建筑空间，供有祖先牌位，主要用于祭祖活动。台阶的多少也能反映出房屋的重要性，左右两边还分别布置2个窄小台阶，平常中间宽大的台阶不准人行走，唯有在特别重要的场合，例如在春节祭祖之时，族长才可走，平常男人走左边，女人走右边，等级明确（图7-04）。建筑最前面布置有池塘叫"映心塘"，取心心相印之意，要求陈氏后人时刻以尊敬先祖、遵守祖制、子孙互助、家族和睦和光宗耀祖为己任。风水上讲究"山管人丁水管财"，吉地不可无水，陈家山地势较高，运用了人工开挖池塘而锁水的办法来解决，堂屋天井院内的"锁"状台阶意义与其相同，锁水就寓意留财，同时水体也有衬托建筑、美化环境、调节微环境和便于房屋出水之用。堂屋是维系陈家成员的纽带，在重要建筑空间布置水源，另外一个重要原因是防火的需求，"映心塘"周围的房屋多是叠梁木构架房屋，防火系数都不高，"映心塘"的存在，不但可以满足堂屋这一重要代表性的建筑的防火需要，同时还照顾到周围的村宅，沿池塘边的建筑密度相当大，池塘可以保证周围200米的建筑都有防火所需的水源。

陈家山堂屋礼制独特之处有两点，其一是门楼，即门厅，原来在门楼上置"钦定代理山河卸史"的匾额，传说武官在此下马，文官到此下轿，堂屋是陈

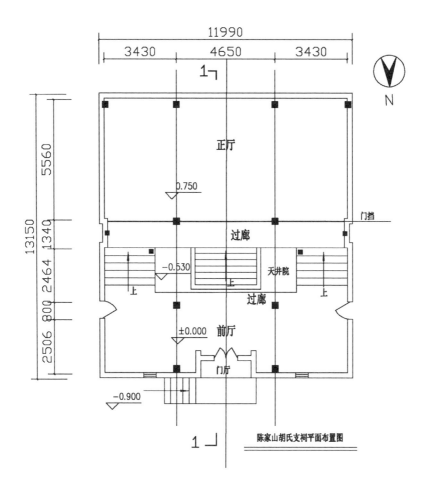

图 7-04 陈家山胡氏祠平面图

氏后人神圣场所，寓示陈家过去的显贵可见一斑。从族谱的名称得知，陈家是由江西九江迁入鄂东的，在江西是累世聚居的大家族，据族谱记载最多时人口达3500人，曾经被封为义门，为封建大家庭的社会楷模，是一个历史久远、人丁兴旺、人才辈出的显赫家族。现在江西省九江狮子乡牌楼村，仍有明朝竖立的"义门遗址"牌坊，其宗祠匾额题写"天下第一家"。其二据当地老人陈昌明介绍，在节日活动期间，外姓人可以随意进入槽堂建筑（门楼）空间，但后面两进重要房屋是绝对不准进入的，所以槽堂不计算在三进房屋里面，这样就剩下两进房屋，为此特意雕刻一座精美的2层木雕楼阁，用来代表一进房屋，叫"礼厅"，祭祀时摆放在中厅中间，作为第三进房屋，这是一种比较独特的建筑形式。依据当地老人描述，整个罗田县有两处这种形式，但另外一处已经毁坏了，分析来看采用这一做法的原因，可能是建筑用地紧张或财力有限。

"低头敬祖，抬头看戏"，槽堂上面是戏楼，比较嘈杂，与祭祀功能有较大冲突，索性就不把这进屋计算在内，怕唱戏之时惊扰到祖先。中厅是整个村子里公共性最强的建筑物，族人要宴请客人，婚丧嫁娶举办酒席多在这里，所以装饰规格上是很高的，其上堂置匾额"源远流长"，两旁对联是"帝胄绍宗传庐岳逢神风水择来源远大，天潢派衍江州得地义门敕后泽绵长"，体现家族历史及对后代的期望，家族的精神从中堂屋都能反映出来。

堂屋建筑雕塑较少，只在建筑重点部位加以装饰，以石雕和木雕为主，砖雕比较少见，雕刻手法一般都是阴刻方法，题材普遍以传统题材为主，结合了表现现实主义风格的雕塑。雕塑主要分布在槽堂和中堂屋的建筑配件以及一些家具之中，由于房屋的石材用量比较大，石雕装饰也比较多，主要分布在入口部分，其中的"户对"、过合和门旁部分都有雕刻，以圆形的"铜钱"纹和"万"字纹相互交错出现，古钱是孔方外圆，借"孔"为眼，钱与前同音，亦称"眼前是福"，"万"字纹的运用在我国古代特别多，寓意绵长不断和万福万寿不断头之意，两者相互结合出现在门头，总体寓示陈氏后代子孙都洪福齐天之意。周边再加上柿蒂纹和牡丹纹点缀，《酉阳杂俎》一书写道："木中根固，柿为最。俗谓之柿盘。"建筑图案多用柿蒂纹，寓意建筑物的坚固、结实。其中的柱础雕刻比较特别，一般地方的柱础都分成两部分，上部为圆鼓造型，下部为四方形，而陈家山堂屋的柱础分成三部分，上面也是圆鼓造型，全都雕刻鼓架，承接柱子给人以更加稳固的感觉，中间部分为八角形，其中的正

图 7-05 胡氏祠戏楼雕塑

反两面雕刻牡丹，下面为了受力稳固采用素面的四边形直到地底，柱础高度也要高点，达到40厘米以上，使得柱子防潮效果更佳。雕刻最精美部分是戏楼檐口，以"五女拜寿"与"麒麟送子"等（图7-05）为主题，总长不到1.5米的檐口上布置了17个人物，依照次序在行跪拜大礼，人物栩栩如生。调查发现，重点建筑中的雕刻比普通民宅多，重点建筑的重要房屋比一般房屋也要多，依照雕刻的多少和分布能区别建筑物的重要程度和建筑等级关系。

"礼厅"（图7-06）的雕刻在陈家山建筑雕刻中是最精美的，其承载的意义独特。整个"礼厅"长65厘米，宽48厘米，高度约80厘米，外观类似两层楼阁造型，结构为内外两层套笼结构，外边一层雕刻成一楼部分，沿四周雕刻有类似房顶的部分，其中的"屋脊""垂脊""瓦"和"滴水"都表现了出来，特别细致，"下檐口"的栏板采用透雕纸草纹，"雀替"是牡丹花，四根柱子雕刻云纹，青烟冉冉。里面部分为一整体，分为上下两层，整体可以取出，其雕刻手法和一层基本相同，最上部是标准的屋顶造型，为四角攒尖，置葫芦宝顶。"礼厅"是中空的，根据其结构来看，中间应该是可以替代香炉的，因而在陈家山的宣传片中就将之误传为香炉，"礼厅"只有在祭祀活动时才被请出，放置在中厅核心部分，供族人祭拜之用，被尊奉为礼器。

陈家山处于环山之中，其木材和石材资源比较丰富，当地建筑墙体材料的运用，和当地的环境结合得十分紧密，房屋的根基都是用采自当地的石材砌成，山区的潮气大，加之没有铺设下水道，村落又布置在坡地上，建筑落差大，怕雨水的冲刷，所以每家的墙体1.5米以下部分都是大块石材砌成，包括内部柱子的柱础，这样既可防止水对墙体的破坏，又增强了墙体承重，房屋都可以修建到4.5米高，保持了屋内高爽透气，也延长了墙体的使用寿命。墙体1.5米以上的部分是用田地的泥巴和小石子混合而成的泥土砖砌筑，每块都是手工制作而成，有专门的制砖木模，规格是古代的标准砖大小（3寸宽，6寸高，9寸长），这种砖也是当地特有，一般平畈地区的房屋就泥土砖，里面不加石子，但承重力度要小，而且较容易受潮分化。屋顶大部采用小灰瓦，为防止山风，一般不采用茅草顶的做法。整体看陈家山房屋的建造都立足当地，采用循环可再生材料，修建时普遍采用简约的方式，不追求奢华，给人以朴素感。

槽堂公共空间的特性也表现在雕刻中，特别是两旁的木雕，在题材上区别大，中间位置的木雕一般都是传统题材"五女拜寿""鱼樵耕读"等，两旁靠近厢房的位置雕刻为现实主义风格，自然风光题材比较多，还有练拳的场景。

陈家山村落的规划和建筑代表的是以大

图7-06 祖堂屋藏礼厅

别山为中心的山区建筑特点，建筑用地节约，建筑用材立足当地，石材运用得比较多，反映出可再生和持续性特点。与之毗邻的东部皖西地区和北部豫东南是水圩民居建筑，西部是鄂东地区民居建筑形式，整个大别山区处在这样两种建筑文化交汇之处，是维系两种文化的纽带，建筑既受到两种不同建筑文化的影响，又保持了自身的特点。特别是建筑的布局、空间构成和装饰等都表现出建筑礼制的特点，这种礼制也是维系陈家山建筑文化的灵魂所在，反映出天人关系、伦理道德和社会秩序，并渗透到乡村生活的各个方面成为行为规范。不过随着整个区域内家族意识的淡化，家长制的消失，建筑也破败不堪，族中长者都期盼能修复，但即便老屋可以修复，宗法社会的礼制规范等也早已是历史的陈迹。

第二节 红安吴氏祠建筑防水功能研究

吴氏祠位于湖北红安县八里湾镇陡山村，是红安县保留最完好、建筑水准最高的一座建筑，被誉为"鄂东地区第一祠"。如今在祠堂的门口树立着两块碑刻，第一块是"全国重点文物保护单位"的碑刻，1992年经湖北省人民政府核定，公布为省级第三批重点文物保护单位。2006年5月20日，经国务院核定，祠堂被公布为国家第六批重点文物保护单位，在整个湖北，祠堂成为全国重点文物保护单位的很少见，可见其建筑成就不一般。第二块碑刻名为"陡山村吴氏祠说明"，据碑文介绍，陡山村吴氏祠始建于清朝乾隆二十八年（公元1763年），后毁于火灾，在同治十年（公元1871年）重修，后又遭遇大火，整个建筑被毁，直到光绪二十八年（公元1902年），陡山在外经商的吴氏兄弟倾其数十年积蓄，捐银八千两，带头重修吴氏祠（图7-07），族人纷纷响应，共耗银万两以上，历时2年建成。根据当地村民描述，现在保留下来的建筑位置同同治十年修建的建筑不在同一地点，原建筑在村庄的东北角，至于

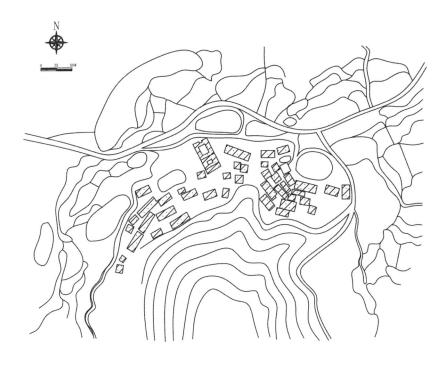

图 7-07 陡山村总平面图

乾隆二十八年所修建筑位置，由于缺少史料记载，现已无法确知。依据当地风俗看，"士大夫有家庙，馀惟奉木主于中堂，四时节序及祖先生祭日皆奠，涸焚楮以祭。"[①] 祠堂所扮演的维系族人的纽带作用，使得吴氏族人再三修建祠堂，并对祠堂的安全和永久性特别重视。

红安县位于湖北省东北部，鄂豫两省交界处。地势上北高南低，海拔高度一般为200米。吴氏祠周边是丘陵地带，"坡度5°—20°……海拔26米"。红安属亚热带气候，"夏季雨量多，强度大，暴雨容易成灾……易发生洪涝灾害。"夏季降雨量占年总雨量的一半。年平降雪日为8.3天。年平均相对湿度

---

① 《吴氏宗谱》卷三，无页码。

图 7-08　红安县陡山村吴氏祠航拍图

77%。主要风向北风，年平均风力3级。全县土地资源总面积179752.91公顷，
林地72254.82公顷，占土地总面积的40.197%，所占比例最大。基于这样的自然
地理特点，吴氏祠营建之时对防雨特别重视，否则潮湿、暴雨、泥石流等都会
严重影响到建筑，所以吴氏祠在建筑选址、建筑材料，以及建筑设计上都做充
分考虑防水的需要。

　　吴氏祠（图7-08和图7-09），同周边环境相辅相成，综合了建筑物、山
体、民居、池塘、田地和河流各种因素，利用周边的环境特点，突出建筑的防
水功能。整个吴氏祠建筑坐南朝北，比较少见，可以推断出祠堂的修建要晚于
村庄历史，因为在丘陵地带，建筑依照山势的走向来选址常见，不一定非是坐
南朝北；再者，宅基地往往在田地周边，也没有条件选择朝向好的地方。吴氏
祠背靠陡山，门前是举水河和另一小河交汇之处，"二龙戏珠"，被誉为"青
龙地"，可谓风水宝地。从整体布局来看，吴氏祠后的陡山，山体坡度较大，

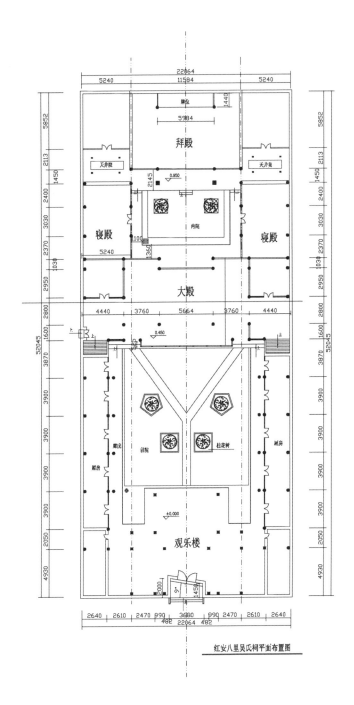

图 7-09 吴氏祠建筑平面图

山势比较陡峭，这样在雨量充沛季节，水势顺着山体会呼啸而下。祠堂的位置距离山体约100米，为了避免山水的急速冲刷和泥石流的侵害，祠堂用地距山体最远，地面坡度不大，祠堂与山体之间还有民宅相隔，祠堂既依附山体，但也隔离了山体对建筑的不利影响。

祠堂建筑面积约1163平方米，砖木叠梁结构，主体建筑依次由观乐楼、大殿、拜殿3幢组合而成。整体布局呈现出3幢2院落的递进式院落组合方式，前院面积212平方米，后院51平方米，大殿正脊把建筑物分成两部分，前面面积为682平方米，后面面积581平方米，除去屋顶向外走水，前院真正分流面积460平方米，后院300平方米，院落和整个建筑的正投影面积比例1：6，从院落承载房屋的雨水量来看能顺利完成，因此上百年来从未出现过内涝情况。在建造时，还有意识地把主体建筑抬高，院落比建筑低25厘米，四周围满石条，达到沥水除潮的作用，保护木构架建筑物。最为关键，在前后2个院落部分，都只留有1个出水口，后院的出水口分布在院子的西北角，很隐蔽，内院的水通过窨涵管从正殿地下流到前院水沟，前院三边留有U字形水沟，再流进前院东北角大出水口，也用窨涵管斜30度角导流出院进池塘。为了避免"如果水道之形笔直如箭……斯宅比凶"①，通过两处窨涵管避免了下水道的笔直造型，这一设计既解决了出水问题也符合了风水的要求。外围的主沟渠主要承载外围建筑水流和山体上流下来的大量雨水，引导它们一起汇流到门前的池塘里面。出水口少但未出现内涝的根本原因是在建筑的选址上，吴氏祠是建在坡度i=3%的地面上，建筑物本身具有递进抬高关系，每进建筑物都依附地形采用加高的做法，前厅坡度小，后面的坡度大，从而保证出水迅速，在最短的时间内把雨水排出院落。水流依建筑平行而下，不会产生左右交叉现象，方向统一，沟渠笔直，距离最短，所以两个院子两个小出水口，就彻底解决了雨水带来的隐患。

---

① 《麻城县志》卷一《民俗》，中华民国二十四年，汉口中亚印书馆承印本，第120页。

由于祠堂是祭祀祖先的地方，是农村地区处理宗族事务的唯一公共场所，平时还兼有学堂的功用，所以对建筑的质量要求特别严格。吴氏祠堂的每块砖都有"吴氏祠"三个字，采用定制模式，在工人的选择上，聘用的是本地最好的木匠和石匠。吴氏祠的木雕艺术精湛，就是当年"黄孝帮"的杰作，而建筑土建部分是当地有名的石匠肖家班子所为，肖家班子专在红安南部"江、吴、程、谢"四大富户中做房子。这些都表明吴氏祠建造时对材料的质量和施工工艺的严格把控。

走进吴氏祠的院落，会看到一个奇特的现象，两侧厢房上都挂满了挡雨板，由于建筑结构内向型布局，挡雨板也就是厢房2层的内墙，整体看像是给建筑物穿上衣服一样，从而保护建筑物免被雨水侵蚀，保护了建筑上的精美雕刻。吴氏祠屋顶均建有龙头鱼尾式飞檐，檐角挂有大铜铃。有"彩画《八仙图》《太极图》，浮雕《武汉三镇》《大禹耕田》《文王访贤》《群英会》《渔樵耕读》（图7-10）等"[1]，题材广泛，造型生动，形象逼真。观乐楼楼檐木雕《武汉三镇》，全长8.8米，画面雄伟壮观，气势非凡，工艺精湛，立

图7-10 吴氏祠渔樵耕读木雕

① 红安县县志编纂委员会编：《红安县志》卷三十一，上海人民出版社，1992，第628页。

图 7-11　吴氏祠享堂屋挡雨板

体感强。正殿两旁有数米长的《百鼠图》木雕，造型与雕刻工艺水平颇高。祠内还有一些陶塑、石雕等。整组建筑物中木雕艺术水平较高，代表鄂东建筑木雕的最高艺术的水准。对这些木雕的保护大都依靠挡雨板（图7-11）完成，具体在二层的顶面外檐口的横梁上，均匀布满间距1.5米的铁钩，每当雨季，就把挡雨板直接挂上隔绝雨水。挡雨板的设计十分科学，每块挡雨板1.5米宽，高度比二楼高度稍微高点，大约在2.5米，挡雨板的外表面不是平板，为了防止水流侧滑，在上面均匀布满0.5厘米高度的条纹，当雨水接触到挡雨板就被分割成一块一块直接流下。由于挂上挡雨板后二层重量增加很大，所以在一层的廊道上又增加并排的石柱，从结构上看，可以推测这是后来增加的部分，很好承担了挡雨板所增加的重量，正是挡雨板的存在，才使这些木雕至今完好保存下来，同时也保护好了建筑梁体，增加了建筑的使用寿命。为了延长挡雨板的使用寿命，每到秋季都要把挡雨板刷一遍桐油，这样既保护了挡雨板，也增强沥水性能，一举两得。

吴氏祠整个外围墙体的防雨性能也特别强，墙体设计上主要分成两部分，1.5米以下部分，全部采用大型块状条石砌成，都是采自当地的花岗岩，打磨平整细致，用糯米浆和石灰混合后作为粘接剂，上部全部用当地烧制的青砖砌成，为了保证砖的质量，首先选取当地最有名的窑炉来烧制砖块，其次采用特定标准模型制作而成，每块都有大小一样"吴氏祠"三个字，确保砖块专用，不让劣质窑炉的次品砖混入。由于墙体设计科学，避免潮气对砖的侵袭，所以在使用了一百多年后，还没有一块砖出现风化崩落现象，可见虽然是低温烧制的灰砖，但是质量相当过硬，使用也很得当。

内墙部分由于二层房屋结构，上下楼层所用材料也不一样，上面部分就是前面讲解的挡雨板，下部主要是石柱，从柱础开始到一层楼板层，再与上部的木柱对接，保证在落雨时，溅落的水对柱子没有任何影响。柱础的雕刻，经过百年岁月，纹理依然清晰，可见雨水和潮气基本没有对柱子结构产生大的破坏。

观乐楼进门口的房顶斗拱结构是三层，虽然这里的斗拱不承重，但是增强了斗拱的原初设计功能，出檐大能增大檐口的出挑，保护墙体，同时3层的斗拱结构，能反映出吴氏家族的经济实力与社会地位，也符合我国历来特别重视装饰大门的习惯。吴氏祠的戏楼木雕《武汉三镇图》在全湖北都是首屈一指，反映了湖北商业繁茂的景象，同吴氏两兄弟经商的背景相符。为了保护这一杰作，在房顶的设计上，相比较外门口立面内檐口的设计，在三层次基础上还加了两层斗拱，内檐口5层的斗拱设计，加上出檐35厘米的屋顶，总共到达75厘米的檐口，足以防范飘雨对木雕的损害。在保护木雕的同时，还能增强视觉效果，因为观乐楼的二楼就是戏楼，戏楼属于开放式空间，所以没有采用悬挂挡雨板的方法。在过去戏曲是重要的娱乐手段，戏楼是最聚集视线的地方，所以要集中整栋房屋装饰最精美的部分，屋顶设计也做到了极致，5级斗拱同戏楼的开敞立面处理，形成强烈对比，特别能吸引人的目光，使建筑空间在建筑设计层面达到完美结合，满足空间的需求，折射出建筑的实用价值和精神功能。

在吴氏祠里并没有种爬山虎这类的植物来直接防水，只是在院落中间种植了6棵树木，前院空间大，种植了4棵，其中有2棵原来是百年的桂花和紫薇，为清同治年间栽种，如今只剩下1棵老桂花树。枝繁叶茂的4棵树基本遮盖了整个院落，加上内向型的房屋结构，即使在大风雨天气中，落入到院落的雨水也能通过树叶缓冲，导入到地面，防止雨水吹倒墙体，造成建筑物的损伤。同时，树木的遮蔽也能够避免阳光对吴氏祠精美木雕的暴晒，减小了木材在短时间内的膨胀和收缩。另外后山的植被茂密，长满树木花草，山体牢固，发生泥石流的概率不高，这也是保证建筑安危的重要因素。

从吴氏祠的周围环境来看，后山的山体，如前所述，植被茂密，很好涵养了水。建筑物处于坡地上，导流性很强。建筑物的门前低位的池塘，又具有很强的蓄水功能，不会产生漫灌的情况，三重因素彻底保证建筑安全。从建筑内在来看，挡水板的设计，在古代建筑设计之中是很新颖的创造，建筑的墙体、柱子、房顶和植物等元素也起到了特别重要的防水作用，使得建筑物能保留至今。通过对吴氏祠的防水功能的分析，联想到现在我国很多城市每到夏季一遇到暴雨就内涝严重，吴氏祠在建筑与环境关系上遵循自然和因势利导的设计理念，对当下城市的规划和建筑设计，是否提供了很好的经验呢？建筑因规模、材料和所处地理位置的不同，呈现出的形式区别也特别大，特别是建筑的院落。陈家山地处大山深处，而吴氏祠所在相对平缓很多，所以陈家山的院落让人几乎看不出来，在设计的过程之中，又把院落和出水相互结合，最大程度节约用地。而吴氏祠的院落在整个建筑用地之中，几乎接近一半。从由于地势的原因而形成的每进建筑的抬高上看，山里的建筑为了防水性能更高，建筑抬高的阶层更多。区别最大的是建筑规模，由于受到地理地势的影响，陈家山不可能建造规模宏大的祠堂，从房屋的开间和进深看，与吴氏祠也有很大区别。

虽然同处一个地区之内，建筑在风格上区别还是很大，山区建筑结构简单，装饰上也不复杂，没有那么花哨。特别是山墙的设计，陈家山的山墙比较普通，未出现防火墙的处理方法；而吴氏祠在山墙上做得特别复杂，造型、壁画等方面特别到位。但是也能看出两地之间的建筑的关联之处，都是内向型布局，整体划一的建筑外观，都是三进深的布局方式，戏楼在门楼的二楼位置，墙体都是下部石材上部墙砖的相互结合等。

第三节 存续的拿捏：东坑村大屋建筑的后山墙

2019年6月17日，我收到曾经的学生卢志安的微信消息：

"甄老师，那天因为临时有事就回去了，没问到那栋建筑，所以没和您说，今天又来到这个村子了，问了下村民，他说那栋建筑之前是个卖盐的商铺，像这样样式的山墙这边我看了下也不是特别多，这个村现在人口不超过100人，很多都搬出去了，那个村民说有挺多去了湖北（指明清时期的'江西填湖广'的移民事件）。"

历史上鄂东民居建筑中重要的山墙形制，有可能是受到江西建筑影响的观点，基本得到证实。这里存在弧线造型的原始造型，体现在洑湾古镇的圆弧造型的山墙（图7-12和图7-13）上。从图片来看，这样造型的山墙，是从基础的两坡顶发展而来的，村子里存在处于初级发展阶段的弧线山墙造型，这为寻找鄂东地区圆弧造型的民居建筑的最初形式，提供了重要证据。在明代"江西填湖广"的迁徙中，"在《移民档案》提供的530个家庭中，世居湖南、湖北的有35族（湖南13族、湖北22族），只占总数的6.6%。余者有8族迁出地不明，另外487族迁自以江西为主的十几个省，占家族数的92%。换言之，今存两湖家庭中有百分之九十几为移民家族。其中，江西籍就有404族，占移民家族的

图 7-12 江西省抚州市南丰县沿湾古镇卖盐的商铺山墙造型

图 7-13 江西省抚州市南丰县沿湾古镇民居山墙造型

茅茨土阶：鄂东民居的微观世界

83%，占两湖家族的76%。"[1]这种带有对故乡深深眷恋的山墙造型，在移民的过程，从江西传播到鄂东地区，甚至被"图腾"化。

我们在第一次调研东垸村的时候，就知道村子最后一片的房屋历史上是地主的宅子，是村子历史记忆的重要标志。解放后，这片房屋分成三家，最后面这栋房屋的主人，是一位五保户老人，我对他的印象特别深，主要是因为他给我介绍了家里夹子的用途。他家有碗口那么大的铁夹子，用来夹兔子和麂子的，还有一种完全用钢筋打造的大夹子，好像有两个，我试图掰开，没有成功，他说是夹野猪用的，说农村最近野猪快成一害了，国家又不准随便打，农民只好自己去下夹子。爬到他家阁楼参观，上面都是过去的各种生活用品，包括家具、农村到处可见的各种坛罐等。他们家有一件比较优美的青花瓷，不是普遍的缠枝喜字坛，而是人物图案的大瓷坛，还算精品，我当时很想买回来，但是羞于开口。

由于生活方式的转变，农村的阁楼几乎都呈现出衰败的景观，由于大量的人口进城，农村科技水平的发展，原来的生活、生产用具现在用不上了，水缸和米缸等陶器都闲置高阁，成为过去式。

阁楼在鄂东民居建筑之中，确实是伟大的发明，运用得也特别普遍。甚至祠堂的门厅都被降低到仅仅能供人出入的基本高度，大概是2.4米，而把上面的阁楼改造成戏楼，这样的建筑在鄂东民居的祠堂、会馆里普遍出现。还有就是民宅里，每家的客厅靠近出口的部分，都架设了阁楼，讲究的人家，还装上一排长窗，上下是活动的普通梯子，需要时搬过来使用；卧室的顶部一般只留下一个小口，既是吊顶也是阁楼，美观和实用两个功能都具备，特别是使用功能被增大快两倍，特别智慧。

从2015年年初，第一次对东垸村（图7-14）调研开始，我们的主要工作还

---

① 张国雄：《明清时期的两湖移民》，陕西人民教育出版社，1995，第35页。

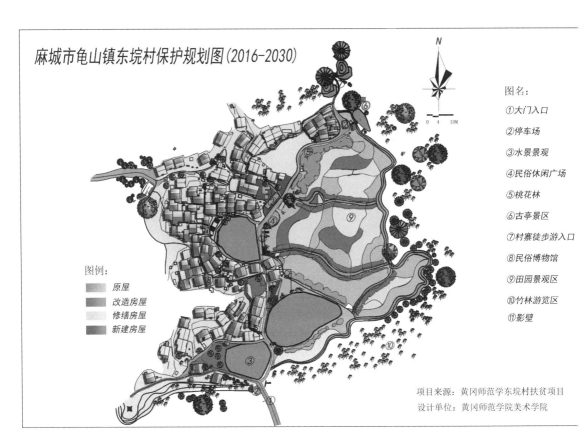

麻城市龟山镇东垱村保护规划图(2016-2030)

图例：
■ 原屋
■ 改造房屋
■ 修缮房屋
■ 新建房屋

图名：
①大门入口
②停车场
③水景景观
④民俗休闲广场
⑤桃花林
⑥古亭景区
⑦村寨徒步游入口
⑧民俗博物馆
⑨田园景观区
⑩竹林游览区
⑪影壁

项目来源：黄冈师范学东垱村扶贫项目
设计单位：黄冈师范学院美术学院

图 7-14 麻城市龟山镇东垱村规划平面图

是摸排建筑的基本情况，由于是初次接触村庄的修复规划与修缮设计，摸着石头过河，所以我们反复走访了这片建筑。在最后一栋房屋的阁楼，上面布满灰尘，走过都能留下脚印痕迹，在东南拐角处有一块屋顶漏下余光，上面的瓦都已经疏松，右边的一堵墙倒了半截。在解放后，原本的地主大宅被改成三家，分别是前、中、后三进房屋，现在最前面的建筑已经被改建了，是个平顶建筑，完全现代化建筑。中部那进已经全部倒塌，保留下开间的格局，到处残垣断壁。只有后面那进建筑得以保存，但也已经过少许改建。

村里的领导介绍说，这个房子是"老古董"，指其历史久远，以前也是村子最有钱的地主的老宅，所以建筑修建的质量最高，在侧面保留一节山墙，一看就是很有"光气"的历史痕迹。砖的砌法、勾缝的工艺，都特别讲究。最关键的是飘檐的山墙造型，如此夸大的造型，目的有很多种，最主要是作为鄂东建筑的语汇，见证了"江西填湖广"的文脉传承，具体内容，我在第五章已经讲解清楚，这里不再重复。一开始，我们设计团队没有注意到对这样有价值的建筑的保护，一期建设时，错失了修缮的机会，给后来的工作造成很大的麻烦。这一教训，对今后有很好的警示作用。

东垇村一期建设完成后，大概是2017年，我再次到东垇村走访，这次在村部旁看到很多还建房，都是崭新的白墙灰瓦的单层住宅，造型单调又丑，还好没有修到村子里，远离传统村落，没有产生特别大的影响。我想要再次看看最好的那一栋房子的时候，村里的B书记说，老人住到还建房里去，后山的泥石流下来了，冲坏了他家厨房（老山墙房屋的西面一间），还好人员安全。走到后山，看到老山墙依然存在，真是令人欣慰，随即叫书记抓紧时间把房屋修缮好，他满口答应，我提出："这个房子一倒，你们村的房子就都是解放后的；而这个房子的存在，使你们村的建筑历史大约可以推前50年，特别划算。"他微笑着认可我的观点。

2017年底，东垇村的B书记被调到镇上工作，加上建设的资金也已经用完，建设停止了，我的意见不可能得到落实。

2018年，进行黄土岗镇大屋垇传统村落的修缮工作时，在修缮村子里最老一栋房屋门头的时候，施工方的意见是拆了重新建，我的态度是坚决不同意。门头的挑檐已经外斜4厘米，开了很大一个口子，但这是村子里唯一有壁画的建筑，而且门头是轩顶，根据家谱记载，整个鄂东地区的何姓家族，从江西迁来第一站就是这里，后代子孙绵延不绝，到周边的罗田、红安，甚至河南省的新县、商城，所以这个高等级门头的保存就显得意义重大。

2018年下半年，东垇村启动第二次的建设，这次的建设工程，延续一期时我们单位的规划设计方案，把外围的道路修缮好，让建筑与周边的环境紧密联系起来，使村民在生产的时候能比较方便到达场地。同时也考虑到东坑村的游客增加，将外围的稻田、池塘、古山寨、悬崖峭壁、溪流、古树林、山地、古井、茶园和竹林都串起来，修缮的时候，因地制宜，环境提升很大，东坑村的景观概念已经扩大，包括了周边的自然和人文景观。

这次与村子的Y书记和施工方S老板协商的过程之中，再次提及后山墙的修缮的问题，他们都很重视。施工到中段时负责施工的老板咨询过我，应该选用什么样的瓦，村民要求用红色大瓦，大瓦重，小瓦很容易被黄鼠狼踩松动，容易漏雨。但是半年过去，依然没有动静，可能是因为没有协调好绝大多数村民。这栋房子动工了，其余的房子也要修缮，顾此失彼，就容易造成矛盾。

两次建设，都没能把最有价值的房屋进行修缮，问题出在没有把各方面的力量平衡，并凝聚起来：镇政府和村部的自主权很大，施工企业、设计单位也很重要，当然也包括村民，只有这四者联合行动起来，方能把村落建设好。我们的群众还没有真正认识到传统村落的价值，思维停留在能创造多少经济价值的单一方面，只有将保护意识和文化价值结合经济价值同时宣传，才能得到方方面面的认同，形成合力。

鄂东地区的山墙造型多种多样，有如意（俗称猴脸）、圆弧、马头墙、戗角和四墀头等造型，这些造型共同组成了鄂东、鄂东南和鄂东北地区的建筑语汇，"图像诠释（iconographical inter-pretation），其任务是了解图像的内在含义与内容。所谓内在含义与内容，具体就是揭示决定一个国家、一个民族、一个时代、一个阶段、一门宗教或哲学倾向基本态度的那些根本原则。"[①]关于山墙造型，成为东坑村村民的心中记忆。我们在东坑村的修缮设计之中，镇上的书

---

① 王青；《中国神话的图像学研究》，科学出版社，2019，第12页。转（美）帕诺·夫斯基，李元春译：《图像研究与图像学》，《造型艺术的意义》，台北：远流出版事业股份有限公司，1996，第33—36页。

图7-15 麻城市龟山镇东坑村池塘周边景观图

记把池塘周边地区原本没有翘角的山墙，用了20天时间，统统加上翘角山墙图（图7-15），甚至悬山房屋也作这样改动，加大村落的鄂东建筑的语汇象征。

到目前为止，我们修建了一些鄂东建筑新语汇的戗角，但作为最有历史价值的老壁画山墙，还没有真正得到修缮。"如奥地利艺术史家、理论家阿洛伊斯里格尔（Alois Riegl）在其《纪念碑的现代崇拜：它的性质和起源》（1902）一书中就认为，纪念碑性不仅仅存在于'有意而为'的东西（如遗址）以及任何具有'年代价值'的物件，如一本发黄的古代文献就无疑属于后者。"①但这类建筑在村庄的纪念碑性意义强大，在村庄发展过程中，成为乡村记忆的重要标志。

---

① （美）巫鸿：《中国古代艺术与建筑中的纪念碑性》，李清泉 郑岩等译，上海人民出版社，2017，第26页。转Riegl, 1903，关于对其理论的讨论，见Forster, 1982a; Colquhun, 1982。

- 后记 -
建筑而已

"这件玉斧的美学价值是和它的社会价值融合在一起的，因为它象征了拥有者控制和'挥霍'具有专门手艺的玉器工匠的巨额精力的能力，从而成为权力的形象化象征。并非偶然，这类'昂贵'艺术品的出现与最先出现于东夷文化中的其他一些深刻的社会变革同步：正是大汶口文化时期，贫富差别以及特权和权力等观念首先出现。"[1]人们对建筑的选择，从手工时代到工业化大生产的时代，是必然的发展趋势，当下的鄂东民居建筑的现代化还不够，要不断尝试，更加贴近百姓的生活，方便生产和生活，形式还可以更加简便。建筑文化在古代也是一种交替的发展，和当下的区别不是传统和现代的区别，而是消费建筑能力大小的区别，是户主权力大小的体现。

瓦尔特·本雅明（Walter Benjamin）对机械复制品时代艺术作品有如下评价："在此，具有决定意义的是艺术作品那种闪发光韵的存在方式从未完全与它的仪式功能分开，换言之，'原真'的艺术作品所具有的独一无二的价值根植于

---

[1] （美）巫鸿：《礼仪中的美术：巫鸿中国古代美术史文编》（郑岩、王睿编），郑岩等译，生活·读书·新知三联书店，2016，第536页。转：我在其他论文中更仔细地讨论了这个问题，见Wu Hung, "Tradition and innovation-ancient Chinese jades in the Gerald Godfrey Collection," Orientations vol.17.no.11（November 1986），pp.36-38。

仪式,这是它原初使用价值的来源……但当艺术创作的本真性标准失灵、(通过机械再生产)不再适用于艺术生产之时,艺术的整个社会功能就会被改变。它不再建立在仪式的根基之上,而建立在另一种实践上,即建立在政治的根基上。"[①]鄂东建筑在很长的时期内是手工时代的建筑,真正的现代化也就是最近三十年的事,从封建社会到一个多世纪来现代化的转变,这样的巨变,带来了建筑营造方式的转变,由手工时代过渡到工业化大生产时代,随之也带来了一系列的问题,文脉的传承是否能接续,建筑的空壳化等明显,这些给设计者、生活者都带来了困惑。

我们从2007年开始研究鄂东民居建筑,到2016年迎来了重要转变,开始进行具体项目实践,这是质的转变,能接触到古建筑的修缮,研究已不仅仅是纸上谈兵了,其中的意义已经发生本质变化。其间我也有疑惑,我们和科班出身的建筑师比较,设计的能力相差还是很远,那么,我们研究的具体作用到底是什么?我知道应该增强动手的能力和信心,又担心自己还是水平有限,怕事情做不好,得不到当地老百姓的认可,慢慢走向正规。直到有了强大的理论支撑,才比较得心应手的应对上面困局。在过去,居住在乡村的文人、匠人和户主三方的联合,为乡村住宅进行设计,并且是一户一宅的专业定制设计,从而造就了乡村建筑的辉煌。而这样的局面,在当下的农村很难实现,农村不再是我们文化的输出地,设计能力和水平自然下降,所以,我们要思考由谁来为鄂东居民设计的问题。

学术和实践研究的最终目标是更好服务社会,为当地百姓寻求合适的住宅,是每个设计人员的义务,这是一种"化"的转变,我们知道世间万物都在运转之

---

① (美)柏桦:《烧钱:中国人生活中的物质精神》,江苏人民出版社,2019,第194页。

中，它们在能量上相互影响和转化，建筑在各个时期的发展之中，也在不断进行着转化的过程。因此，在乡村的广阔舞台里，我们参与的一切实践项目，都是秉承对鄂东大别山地区的未来民居建设有意义的态度，不断创新与思索。"从创新的本质上讲，并不是地域性元素的运用使得产品更具有意义，而是人类需求的满足使产品更具有意义。"①鄂东民居的魅惑引诱我的好奇，从而不断去思索。当下鄂东部分乡村，人口外迁，老屋破败，对鄂东乡村建筑的研究，应着眼于为解决城市化进程中，出现的乡村危机提供可能的途径，所以即使成书之后，我还会继续研究下去。

曾经在鄂东地区普遍出现的纯生土建筑，现在只是零星出现，有幸的是，在黄土岗镇的东北偏远山区里，由于早期村民因生活不便，迁移到国道旁边居住，原住宅没有拆建，所以保留了接近20个原生态的生土建筑群，其中有6个成为传统村落或美丽乡村。其实还有一些资质很好的村落，没有得到保护，这也是我下一步准备研究的方向，力求对这些村落进行全面保护。深入研究的同时，还要加大宣传，争取让这些具有神性的生土建筑，入选文化遗产保护的行列。除此之外，鄂东建筑还保留下"城墙"、水寨、屋脊上的小动物造型、亟待修缮的天井、"过仙桥"等细节，它们无疑是我国丰富的建筑遗产中的重要组成部分，同样值得我们认真对待。

对于鄂东的美食我依然记忆犹新，特别在这么多年奔走之中，第一次去小漆园，在后山村的那顿饭，直到如今依然回味无穷。其味道鲜美，特色明显，农家

① 高凤麟、张振颖：《冥想坐具：一件基于中国文化与西方技术的家具》，《装饰》，2017年第七期，第88页。

饭的美好记忆难以用文字表达，所以我在外和朋友交流建筑的同时，总是告诉大家，有机会到鄂东乡村走走，即使不为科研，也要享受一下鄂东人民的美食。小漆园何主任的夫人，真是一位乡村美食大师，依照当地的特色，精心烹制的每碗菜，让我们许多同学都感受到生活的美好，中央电视台7套还找她拍过纪录片。我们的生活之中固然可以有汉堡，但那不是生活的必需。在我们强调文化自信的当下，建筑也在慢慢找回原有的内核。希望我们对鄂东生土建筑的研究，能走向良性发展。

最后我要感谢在这么些年当中，支持我走学术道路的同仁，没有他们的帮助和鞭策，就没有我今天的成果，特别是我们学院的胡绍宗博士，从第一个项目的申报开始，就不断鼓励和指导我，引领我慢慢走进学术殿堂。还有安徽省城乡规划设计研究院的龙兆云同学，在我们进行规划设计之初，他给予了很多的技术帮助，在改造村落实践中，得到更深入的认识，在每次的科研项目的申报之中，又帮我们仔细审查和推敲，对我们团队的成长帮助很大，并直接引领我们环境设计专业人才培养模式的改变，让学生获得宝贵的实践经验。还要感谢东坑村设计的董婷组，深沟设计组的钟其庆、杨茹、熊曼琳等，以及2016级的胡梦田、张帆、石培、梁坤、陈雯、上官平，2017级盛开源、朱黄丹娜、林晨等，2018级仝继辉、陈翀、王青健等同学，他们为本书绘制描摹了大量的图片。最后感谢我的家人，为了我的研究，夫人王丹陪伴我考察调研，绘制图纸，我孩子总是问我，为什么每次旅游都是到农村看建筑，而不是去游乐场，这也是我深感愧疚的地方。

参考文献

1、外国文献:

[1]巫鸿.废墟的故事.上海人民出版社,2017年7月第1版.

[2]斯文·赫定.新疆沙漠游记.郑超麟译.上海人民出版社,2016年8月第1版.

[3] 巫鸿.黄泉下的美术——宏观中国古代墓葬.生活·读书·新知三联书店.2016年1月北京第1版.

[4]胡司德,早期中国的食物、祭祀和圣贤,浙江大学出版社,2018年12月第1版.

[5]巫鸿.礼仪中的美术:巫鸿中国古代美术史文编.郑岩等译.生活·读书·新知 三联书店,2016年1月第1版.

[6]王晴佳.筷子:饮食与文化.汪精玲译.北京:生活·读书·新知三联书店,2019年第2月第1版.

[7]费正清编.剑桥中华民国史1912—1949年:上卷.中国社会科学出版社,1994年1月第1版.

[8]城山智子.大萧条时期的中国——市场、国家与世界经济(1929—1937).江苏人民出版社,2010年3月第1版.

[9]费正清编.剑桥中国晚清史1800—1911年:上卷.中国社会科学出版社,1985年2月第1版.

[10]卜正民,若林正.鸦片的政权:中国、英国和日本,1839—1952年.黄山书社,

2009年1月第1版.

[11]罗威廉.汉口:一个中国城市的冲突和社区(1796—1895).鲁西奇,罗杜芳译.中国人民大学出版社,2016年9月第1版.

[12]马克斯·韦伯.城市:非正当性支配.阎克文译.江苏凤凰教育出版社,2014年6月第1版.

[13]胡司德.古代中国的动物与灵异.蓝旭译.江苏人民出版社,2016年3月第1版.

[14]易婉娜·普里察.中西古代城市文化比较研究.东南文化,1990年1期.

[15]金子修一.古代中国与皇帝祭祀.复旦大学出版社,2017年12月第1版.

[16]贾雷德·戴蒙德.枪炮、病菌与钢铁.上海译文出版社,2017年7月第1版.

[17]康儒博.修仙:古代中国的修行与社会记忆.江苏人民出版社,2019年3月第1版.

[18]罗威廉.红雨:一个中国县域七个世纪的暴力史.中国人民大学出版社,2014年1月第1版.

[19]巫鸿著,郑岩编.巫鸿美术史文集(卷二):超越大限.上海人民出版社,2019年7月第1版.

[20]巫鸿著,郑岩编.巫鸿美术史文集(卷一):传统革新.上海人民出版社,2019年6月第1版.

[21]罗威廉.汉口:一个中国城市的商业和社会(1786—1889).中国人民大学出版社,2016年9月第1版.

[22]巫鸿.中国古代艺术与建筑中的纪念碑性.上海人民出版社,2017年7月第1版.

[23]蒲乐安著,刘平,裴宜理主编.中国秘密社会研究文丛:骆驼王的故事:清末民变研究.商务印书馆,2014年9月第1版.

[24]卜正民.哈佛中国史·最后的中华帝国:大清.中信出版集团股份有限公司,2016年10月第1版.

[25]马立博.中国环境史:从史前到现代.关永强,高丽洁译.中国人民大学出版

社，2015年10月第1版.

[26] 田炯权.中国近代社会经济史研究——义田地主和生产关系.中国社会科学出版社，1997年7月第1版.

[27] 张光直，商文明.三联书店.2019年1月北京第1版.

[28] 李约瑟.中国科学技术史第四卷第三分卷，土木工程与航海技术.科学出版社，上海古籍出版社.2008年10月第1版.

[29] 薛凤.工开万物：17世纪中国的知识与技术.江苏人民出版社，2015年11月第1版.

[30] 田海.中国历史上的白莲教.刘平，王蕊译.商务印书馆，2017年11月第1版.

[31] 孔飞力.中国现代国家的起源.三联书店，2013年10月北京第1版.

[32] 雅克玲·泰夫奈.西来的喇嘛.广东人民出版社，2017年3月第1版.

[33] 包利威.鸦片在中国1750—1950.中国画报出版社，2017年4月第1版.

[34] 岸本美绪.清代中国的物价与经济波动.刘迪瑞译.社会科学文献出版社，2010年4月第1版.

[35] 巫鸿.全球景观中的中国艺术.三联书店，2017年1月第1版.

[36] 古伯察.鞑靼西藏旅行记.中国藏学出版社，2012年第2版.

[37] 席文.科学史方法论讲演录.北京大学出版社，2011年11月第1版.

[38] R.F.约翰斯顿.北京至曼德勒——四川藏区及云南纪行.云南人民出版社，2015年6月第1版.

[39] 王业键.清代田赋刍论.高风等译.人民出版社，2008年11月第1版.

[40] 柏桦.烧钱：中国人生活中的物质精神.江苏人民出版社，2019年4月第1版.

[41] 贡德·弗兰克.白银资本.四川人民出版社，2017年8月第1版.

2、国内文献：

[1] 郑玄.礼记：卷二，宋本.国家图书馆出版社，2017年9月第1版.

[2]李诫.营造法式:卷一.商务印书馆,1954年12月重印(上海第一次印).

[3]王祯.王祯农书:上卷.湖南科学技术出版社,2014年12月第1版.

[4]周致中.异域志:上卷.中华书局,1981年10月第1版.

[5]薛刚,吴廷举.日本藏中国罕见地方志丛刊版:(嘉靖)湖广图经志书.书目文献出版社,1991年10月北京第1版.

[6]万历.黄冈县志.上海古籍书店,1965版.

[7]弘治.黄州府志:卷二:风俗,上海古籍书店,1965版.

[8]光绪.黄冈县志.上海古籍书店,1965版.

[9]乾隆.黄冈县志.上海古籍书店,1965版.

[10]团风县政协重刊:黄冈县志.乾隆五十四年刻印本,长江出版社.

[11]麻城市地方志办公室.麻城县志.康熙九年刻本,1999年12月第1版.

[12]麻城市地方志办公室.麻城县志.民国二十四年铅印本(前编),1999年12月第1版.

[13]麻城市地方志办公室.麻城县志.民国二十四年铅印本(续编),1999年12月第1版.

[14]湖北省红安县地方志编纂委员会主编.红安县志(1990—2007).武汉大学出版社,2016年12月第1版.

[15]湖北省蕲春县地方志编纂委员会编.蕲春县志.湖北科学技术出版社,1997年7月第1版.

[16]红安县县志编纂委员会.红安县志:卷三十一.上海人民出版社,1992年,第628页.

[17]湖北省麻城地方县志编纂委员会.麻城县志.红旗出版社,1993年7月北京第1版.

[18]麻城县地名领导小组编.湖北省麻城县地名志(内部资料):上册,1984年10月.

[19]麻城市宋埠镇地方志编纂办公室编.宋埠镇志(内部发行),黄冈日报印刷厂印刷,1989年10月.

[20]铁门岗区志办公室.铁门岗区志.黄冈县新华印刷厂印刷,1987年10月(内部发行).

[21]义门陈氏宗谱:卷三.

[22]汉宝德.中国建筑文化讲座.生活·读书·新知三联书店,2006年1月北京第1版.

[23]林满红.银线:19世纪的世界与中国.江苏人民出版社,2011年11月第1版.

[24]中华人民共和国住房和城乡建设部编.中国传统建筑解析与传承:湖北卷.中国建筑工业出版社,2016年9月第1版.

[25]王晓华.生土建筑的生命机制.中国建筑工业出版社,2010年10月第1版.

[26]苏智良,陈恒主编.城市历史与城市史.上海三联书店,2019年12月第1版.

[27]河南省文物考古研究所.河南信阳市城阳城址2009—2011年考古工作主要收获.华夏考古,2014年第2期.

[28]吴晓松主编.鄂东考古发现与研究.湖北科学技术出版社,1999年2月第1版.

[29]李晓峰,谭刚毅主编.两湖民居.中国建筑工业出版社,2009年12月第1版.

[30]章开沅,张正明,罗福惠.湖北通史:晚清卷.华中师范大学出版社,2018年3月第1版.

[31]马敏.官商之间:社会剧变中的近代绅商.天津人民出版社,1995年1月第1版.

[32]祝勇.帝国创伤.中国文联出版社,2009年4月第1版.

[33]居阅时.中国建筑与园林文化.上海人民出版社,2014年9月第1版.

[34]赵之枫.传统村镇聚落空间解析.中国建筑工业出版社,2015年11月第1版.

[35]马平安.晚清非典型政治研究:帝国的经验和教训.华文出版社,2014年6月第1版.

[36]刘志庆.中国天主教教区沿革史.中国社会科学出版社,2017年10月第1版.

[37] 祝东江, 陈梅, 张希萌.西方传教士在湖北地区的活动及影响研究.郧阳师范高等专科学校学报, 2016年10月第36卷第5期.

[38] 尹建平.瑞典传教士在中国(1847—1949).世界历史, 2000年第5期.

[39] 阿克赛尔, 王保生.同州传教50周年.上海竞新出版社, 1940年版.

[40] 谢文博.中国近代教会大学校园及建筑遗产研究.湖南大学, 2007.

[41] 吴庆洲.象天法地意匠与中国古都规划.华中建筑, 1996年第2期.

[42] 葛兆光.中国思想史: 第一卷.复旦大学出版社.2017年10月第2版.

[43] 宋兆麟.巫与巫术.四川民族出版社, 1989年5月第1版.

[44] 金身佳.中国古代建筑的象天法地意象.船山学刊, 2007第2期.

[45] 徐斌.秦咸阳—汉长安象天法地规划思想与方法研究.清华大学, 2014年.

[46] 马世之.中国古代都城规划中的"象天"问题.中州学刊, 1992年第1期.

[47] 葛兆光.中国思想史: 导论.复旦大学出版社, 2017年10月第2版.

[48] 林富士.巫者的世界.广东人民出版社, 2016年11月第1版.

[49] 汪华丽.论建筑中的"天圆地方"观.大众文艺, 2012年第3期.

[50] 冯时.文明以止——上古的天文、思想与制度.中国社会科学出版社, 2018年10月第1版.

[51] 余英时.士与中国文化.上海人民出版社, 2003年1月第1版.

[52] 李宪堂.大一统的迷境: 中国传统天下观研究.社会科学文献出版社, 2018年11月第1版.

[53] 侯幼彬.中国建筑美学.中国建筑工业出版社.2009年8月第1版.

[54] 刘宗迪.失落的天书——《山海经》与古代华夏世界观(增订本).商务印书馆, 2016年5月第1版.

[55] 徐刚, 王燕平.星空帝国: 中国古代星宿揭秘.人民邮电出版社, 2016年8月第1版.

[56] 潘谷西.中国建筑史.中国建筑工业出版社(第七版), 2015年4月第1版.

[57]梁思成.图像中国建筑史.生活·读书·新知三联书店,2011年1月北京第1版.

[58]吴欣,柯律格,包华石等.山水之境:中国文化中的风景园林.生活·读书·新知 三联书店,2015年1月北京第1版.

[59]郭瑞民,张春香,李水副主编,豫南民居,东南大学出版社,2011年2月第1版.

[60]方正,陈志平.晚清民国鄂东多文化巨子的历史人类学考察.江汉论坛,2017年12月.

[61]高占宽,冷先平.明清鄂东南宗祠建筑装饰文化象征性研究——以咸宁市焦氏宗祠为例.城市建筑,2019年10月第6卷总第333期.

[62]甄新生,王丹.皖西水圩民居.湖南人民出版社,2016年11月第1版.

[63]黄仁宇.中国大历史.三联书店,2007年2月第2版.

[64]李全敏.礼物的馈赠与关系建构:德昂族社会中的茶叶,西南民族大学学报(人文社科版),2012年.

[65]黄仁宇.万历十五年.生活·读书·新知三联书店,1997年5月第1版.

[66]马玉华,赵吴成.河西画像砖艺术.甘肃人民出版社,2017年9月第1版.

[67]顾颉刚.秦汉的方士与儒生.北京出版社,2017年3月第1版.

[68]兰芳.西北有高楼:汉代陶楼的造物艺术寻踪.文化艺术出版社,2019年7月第1版.

[69]孙机.汉代物质文化资料图说.上海古籍出版社,2008年5月第1版.

[70]宿白.中国古建筑考古.文物出版社,2009年9月第1版.

[71]周銮书.千古一村——流坑历史文化的考察.江西人民出版社,1997年5月第1版.

[72]王美英.明清长江中游地区的风俗与社会变迁.武汉大学出版社,2007年9月第1版.

[73]王晓华.生土建筑的生命机制.中国建筑工业出版社,2010年10月第1版.

[74]许纪霖.民间与庙堂,三联书店,2018年1月北京第1版.

[75]纪娟,张家峰.中国古代几种蓝色颜料的起源及发展历史.敦煌研究,2011年第6期.

[76]崔强,善忠伟,水碧纹等.敦煌莫高窟8窟壁画材质及制作工艺研究.文博,2018年第2期.

[77]王青.大足宝顶山石刻的彩绘颜料分析.重庆师范大学,2016年.

[78]侯兴华.文化冲突视阈下云南部分傣族改信基督教与边境社会稳定——基于对德宏州、西双版纳州的田野调查.宗教学研究,2015年第1期.

[79]唐德刚.从晚清到民国.中国文史出版社,2015年6月第1版.

[80]陈开来.“自鸣钟”与近代中国社会的变迁.文化遗产与文化发展战略,2018年第2期.

[81]王敏.近代洋货进口与中国社会变迁.文化发展出版社,2016年12月第1版.

[82]张丛军主编,张丛军,李为著.图说山东:汉画像石,山东美术出版社,2013年5月第1版.

[83]罗山.职贡图:古代中国人眼中的域外世界.广东人民出版社,2017年8月第1版.

[84]郭志华.论“福禄寿喜”民俗观念在剪纸中的体现.艺术探索,2007年第2期.

[85]刘可人.从民间吉祥图形福禄寿喜中寻找广告的创意.中南民族大学.2011年。

[86]湖北省城乡与住房建设厅主编.湖北传统民居研究.中国建筑工业出版社,2016年3月第1版.

[87]胡恒.皇权不下县?——清代县辖政区与基层社会治理.北京师范大学出版社,2015年5月第1版.

[88]苏文生.晚清以降:西力冲击下的社会变迁.商务印书馆,2017年10月第1版.

[89]高凤麟,张振颖.冥想坐具:一件基于中国文化与西方技术的家具,装饰,2017年第7期.

［90］李天纲.金泽——江南民间祭祀探源.生活·读书·新知三联书店.2017年12月第1版.

［91］湖北省建设厅编著,张发懋总主编,李晓峰、李百浩本卷主编.湖北建筑集萃:湖北传统民居.中国建筑工业出版社,2006年10月第1版.

［92］王其钧编著.中国民居三十讲.中国建筑工业出版社,2005年11月第1版.

［93］陈世松.大移民:"湖广填四川"故乡记忆,四川人民出版社,2015年7月第1版.

［94］凌礼潮主编.明清移民与社会变迁——"麻城孝感乡现象"学术研讨会论文集.湖北人民出版社,2012年11月第1版.

［95］卢嘉锡总主编,傅嘉年著.中国科学技术史(建筑卷).科学出版社,2008年10月第1版.

［96］张国雄.明清时期的两湖移民.陕西人民教育出版社,1995年7月第1版.

［97］王青.中国神话的图像学研究.科学出版社,2019年5月第1版.

［98］苏秉琦.满天星斗:苏秉琦论远古中国.中信出版集团股份有限公司,2016年11月第1版.

图片索引

图号	图片名称	图片出处	绘制者
	红安县陡山吴氏祠测量手绘稿	作者自测	作者自绘
图 1-01	禹王城遗迹平面图	作者自拍	作者自绘
图 1-02	岐亭镇平面布置图	作者自拍	作者自绘
图 1-03	麻城县寨堡图	(光绪)麻城县志	
图 1-04	夫子河镇郑家寨平面图	作者自拍	作者自描
图 1-05	蕲春干栏式建筑遗址	中国建筑史第五版	作者自描
图 1-06	麻城宋埠龙井喻彭英坑壁画	作者自拍	作者自描
图 1-07	麻城市黄土岗小漆园院落建筑布局图	张帆	梁坤、张帆
图 2-01	傅兴垸总平面图	石培	石培
图 2-02	傅兴垸修缮前风貌	作者自拍	作者自描
图 2-03	水花造型花盆	作者自拍	陈翀
图 2-04	福音堂外观	熊曼玲	熊曼玲
图 2-05	教堂室内	邓鹏	陈翀
图 2-06	团风县马曹庙方家城墙方本仁故居	作者自拍	王丹
图 2-07	麻城市木子店镇夏斗寅故居	作者自拍	作者自描
图 2-08	蕲春县官窑镇李家窑厂房结构图	梁坤	梁坤
图 2-09	蕲春县官窑镇李家窑厂龙窑结构图	吴雨仑	邓宏宇
图 2-10	东冲村红砖民宅	张帆	张帆
图 3-01	山字纹圆形铜镜与素面方形铜镜	作者自拍	作者自描
图 3-02	吴氏宗祠复原平面布置	作者自测	作者自绘

图号	图片名称	图片出处	绘制者
图 3-03	黄土岗镇小漆园社区方家坳小天井	作者自拍	
图 3-04	天井建筑平面	张帆	邓宏宇
图 3-05	木子店镇深沟李裕炳老宅天井	作者自拍	王丹
图 3-06	木子店镇牌楼湾天井院建筑	作者自拍	王丹
图 3-07	河南省新县丁李村全貌	作者自拍	
图 3-08	河南省新县丁李村门洞	作者自拍	王丹
图 3-09	麻城雷氏祠天井内置出水口	作者自拍	
图 3-10	麻城雷氏祠天井"过仙桥"	作者自拍	
图 3-11	雷氏祠戏楼十八学士进京图雕刻	作者自拍	上官平
图 3-12	木子店镇邱家档村大屋戏楼木雕	作者自拍	朱黄丹娜
图 3-13	红安县永佳河镇椿树店村程家下坉村貌	作者自拍	刘青健
图 3-14	红安县永佳河镇椿树店村程家下坉城墙	作者自拍	作者自描
图 3-15	红安县陡山村吴氏祠宝刹与走兽	张文科	
图 3-16	麻城五脑山帝王庙一天门垂脊神兽	作者自拍	仝继辉
图 3-17	麻城盐田河雷氏祠左山墙"哪吒闹海"雕塑	问傲寒	
图 4-01	湾流水和山字型造型的彭英坳彭氏祠	作者自拍	
图 4-02	鄂州博物馆藏汉代义仓明器	作者自拍	
图 4-03	天门市白茅湖农场曾头大队王云汉宅	作者自拍	
图 4-04	江苏无锡博物院昆仑山金饰造型	作者自拍	作者自描
图 4-05	麻城宋埠镇彭英坳布局图（家谱）	作者自拍	
图 4-06	麻城宋埠镇彭英坳民居	石培	石培
图 4-07	麻城市盐田河华河边村	作者自拍	刘青健
图 4-08	大冶市三溪镇清潭桥四排头民居	作者自拍	作者自描
图 4-09	良渚玉璧图案	黄泉下的美术	
图 4-10	红安县华家河镇祝家楼村马头墙建筑	作者自拍	作者自描
图 4-11	红安县八里镇陡山村吴氏祠	张文科	张帆
图 4-12	麻城黄土岗桐枧冲王氏祠	盛开源	盛开源
图 4-13	麻城市五脑山帝王庙	作者自拍	
图 4-14	麻城雷氏祠屋顶结构	作者自拍	刘青健

图号	图片名称	图片出处	绘制者
图 4-15	黄梅四祖寺唐代毗卢塔	作者自拍	作者自描
图 4-16	新县毛铺村石五垮密檐建筑山墙结构	作者自拍	作者自描
图 4-17	木子店镇邱家档村大屋立面	作者自拍	王丹
图 4-18	黄梅县五祖寺密檐建筑	作者自拍	吴佑龙
图 4-19	四祖寺元代建筑花桥	作者自拍	作者自描
图 5-01	麻城市木子店镇张家山平面图	石培	石培
图 5-02	张家山大屋平面图	钟其庆	钟其庆
图 5-03	张家山大屋立面图	钟其庆	钟其庆
图 5-04	鄂东一般建筑门头调研统计表	石培等	石培等
图 5-05	带文字的吴氏祠墙面	作者自拍	
图 5-06	鄂东"大推车"式生土建筑	张帆	邓宏宇
图 5-07	生土建筑解析图	张帆	邓宏宇
图 5-08	麻城市五脑山帝王庙后殿屋顶人面筒瓦	作者自拍	
图 5-9	生土民宅房梁结构	颜杰	颜杰
图 5-10	麻城市黄土岗桐苋冲民宅房梁	作者自拍	
图 5-11	青瓷仓廪院落	作者自拍	
图 5-12	《黄冈县志》县城图	作者自拍	
图 5-13	黄州城墙区景观改造设计	梁坤	梁坤
图 5-14	黄州老城区模型图	梁坤	梁坤
图 6-01	何氏祠——三房五世祖文刚公祠图	作者自拍	
图 6-02	红安吴氏祠洋房与火轮木雕	张文科	
图 6-03	麻城宋埠镇青山叶自鸣钟壁画图	朱君	
图 6-04	麻城宋埠镇青山叶火枪图	作者自拍	
图 6-05	麻城宋埠镇青山叶粉底盒	作者自拍	
图 6-06	鄂州博物馆藏汉代绿釉粉底盒	作者自拍	作者自描
图 6-07	雷氏祠洋轮壁画	作者自拍	
图 6-08	麻城宋埠镇彭英坨福禄寿壁画图	作者自拍	作者自描
图 6-09	麻城宋埠镇青山叶福禄寿壁画图	作者自拍	王丹
图 6-10	麻城宋埠镇新黄氏祠堂大门石雕雀替	作者自拍	作者自描

图号	图片名称	图片出处	绘制者
图 6-11	麻城宋埠镇黄家大湾福禄寿门楣雕刻	作者自拍	作者自描
图 6-12	红安县华家河镇祝家楼门楣雕刻	作者自拍	作者自描
图 6-13	盐田河王氏大屋的"及第光辉"门楣壁画	作者自拍	仝继辉
图 6-14	麻城宋埠镇青山叶《卧冰求鲤》壁画	朱君	
图 6-15	麻城宋埠镇青山叶大鼓书表演图	朱君	
图 6-16	麻城宋埠镇青山叶洛阳点炮图	朱君	
图 6-17	麻城宋埠镇青山叶棋牌图	朱君	作者自描
图 6-18	盐田河镇王家大屋状元及第壁画	作者自拍	仝继辉
图 6-19	文王访贤壁画	颜杰	朱黄丹娜
图 6-20	寿桃造型的麒麟壁画	颜杰	朱黄丹娜
图 6-21	彭英坳谷仓内叠层壁画	作者自拍	
图 6-22	绘制有桐枧冲王氏祠堂壁画	作者自拍	作者自描
图 7-01	家谱阴宅规划	作者自拍	
图 7-02	家谱阳宅规划	作者自拍	
图 7-03	陈家山祖堂屋平面布置图	作者自测	作者自绘
图 7-04	陈家山胡氏祠平面图	作者自测	作者自绘
图 7-05	胡氏祠戏楼雕塑	作者自拍	作者自绘
图 7-06	祖堂屋藏礼厅	作者自拍	王丹
图 7-07	陡山村总平面图	石培	石培
图 7-08	红安县陡山村吴氏祠航拍图	张文科	
图 7-09	吴氏祠建筑平面图	作者自测	作者自绘
图 7-10	吴氏祠渔樵耕读木雕	张文科	颜杰
图 7-11	吴氏祠享堂屋挡雨板	作者自拍	作者自描
图 7-12	江西省抚州市南丰县洽湾古镇卖盐的商铺山墙造型	卢志安	
图 7-13	江西省抚州市南丰县洽湾古镇民居山墙造型	卢志安	
图 7-14	麻城市龟山镇东坳村规划平面图		董婷
图 7-15	麻城市龟山镇东坳村池塘周边景观图	作者自拍	
附录	生土建筑修缮图纸(一套)	张帆测量	邓宏宇

图号	图片名称	图片出处	绘制者
附录	半生土建筑修缮图纸（一套）	张帆测量	梁坤、张帆
附录	鄂东地区生土建筑再设计	作者设计	颜杰

备注：以上非自拍图片征得作者授权使用。

附 录

1.生土建筑修缮图纸

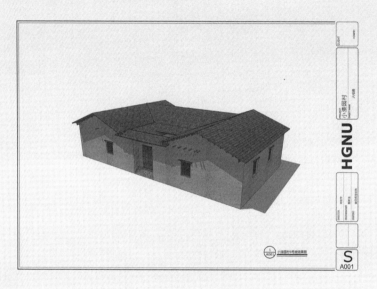

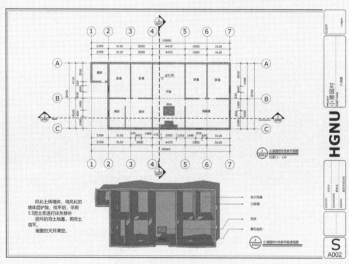

风化土砖墙体,将风化的墙体层铲除,找平后,采用1:3混土浆进行抹灰修补损坏的夯土地基,用夯土填平。堵塞的天井清空。

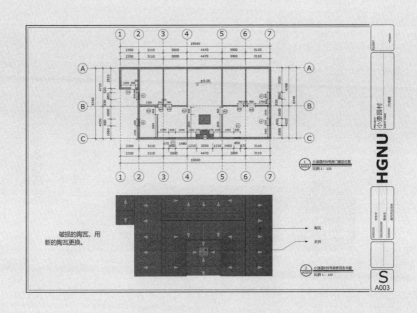

破损的陶瓦，用
新的陶瓦更换。

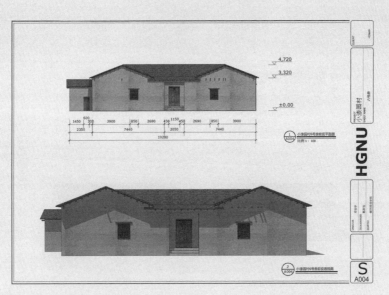

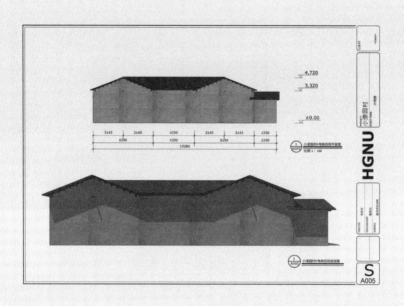

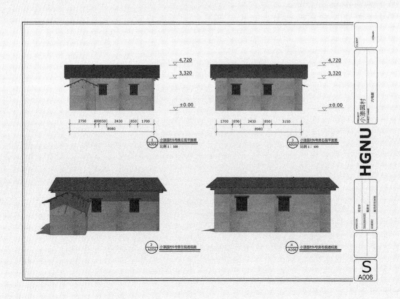

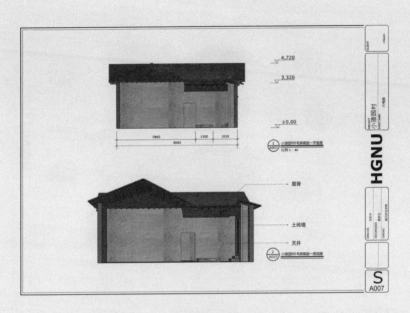

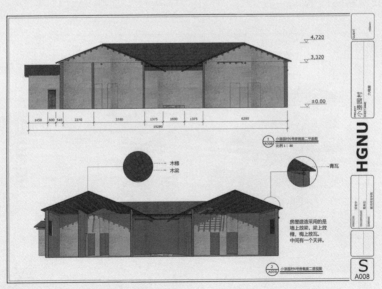

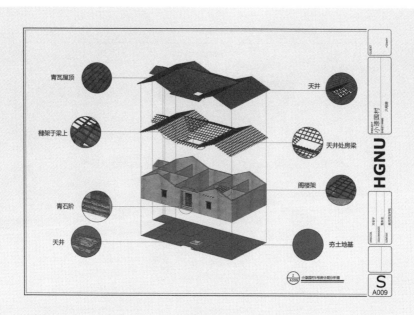

2.半生土建筑修缮图纸

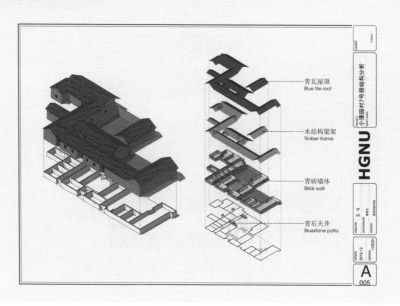

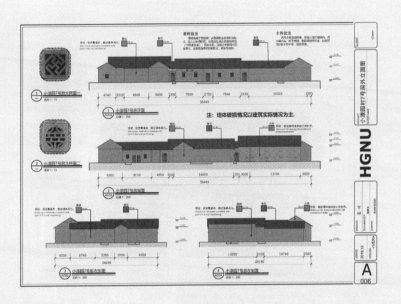

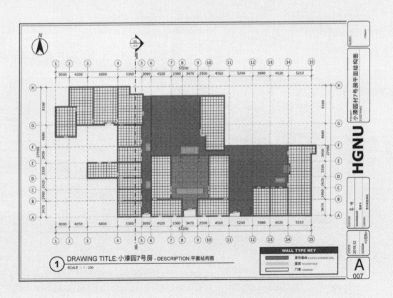

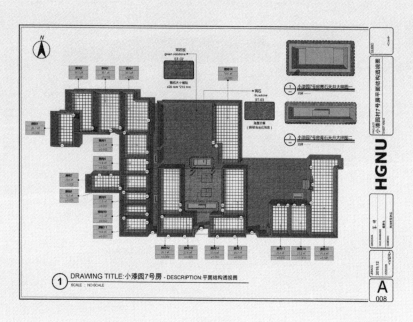

DRAWING TITLE:小漆园7号房 - DESCRIPTION:平面结构透视图

① SCALE : NO SCALE

A 008

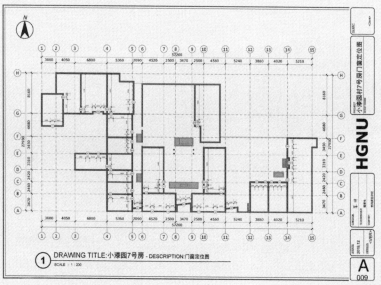

DRAWING TITLE:小漆园7号房 - DESCRIPTION:门窗定位图

① SCALE : 1 : 200

A 009

3.鄂东地区生土建筑再设计

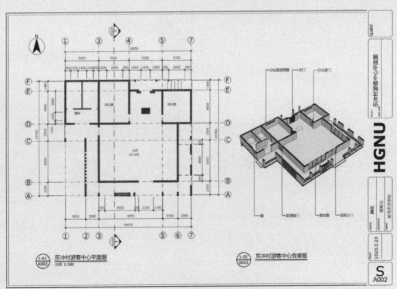

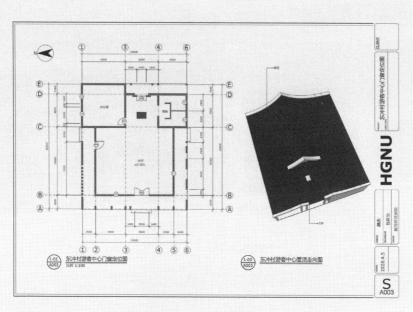

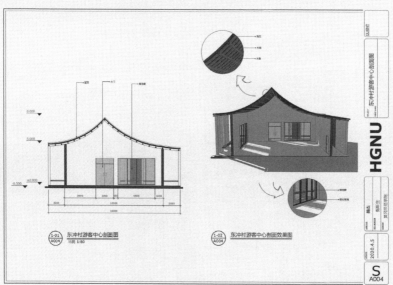

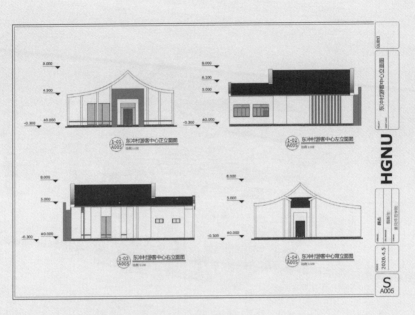

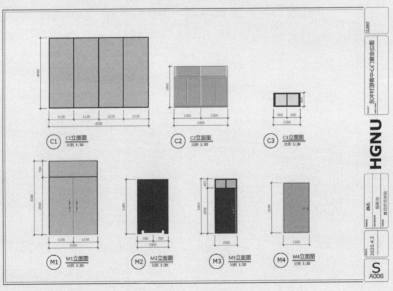

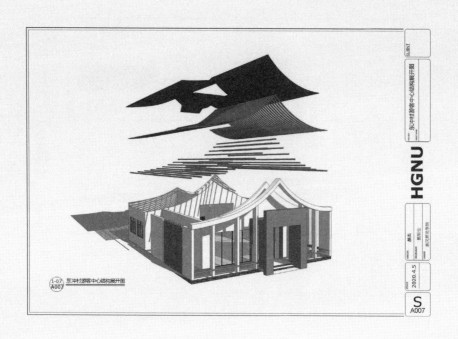

A007

S
A007

图书在版编目（CIP）数据

茅茨土阶 : 鄂东民居的微观世界/甄新生著. -- 上海 : 上海文艺出版社,2020
（艺术与人文丛书）
ISBN 978-7-5321-7815-5

Ⅰ.①茅… Ⅱ.①甄… Ⅲ.①民居－建筑艺术－湖北

Ⅳ.①TU241.5

中国版本图书馆CIP数据核字 (2020)第192663号

发 行 人：毕　胜
策 划 人：杨　婷
责任编辑：李　平　程方洁
封面设计：姜　明
图文制作：张　峰

书　　　名：茅茨土阶 : 鄂东民居的微观世界
作　　　者：甄新生
出　　　版：上海世纪出版集团　　上海文艺出版社
地　　　址：上海市绍兴路7号　200020
发　　　行：上海文艺出版社发行中心
　　　　　　上海市绍兴路50号　200020　www.ewen.co
印　　　刷：苏州市越洋印刷有限公司
开　　　本：710×1000　1/16
印　　　张：17
字　　　数：228,000
印　　　次：2020年11月第1版　2020年11月第1次印刷
I　S　B　N：978-7-5321-7815-5/C.0082
定　　　价：78.00元
告 读 者：如发现本书有质量问题请与印刷厂质量科联系　T:0512-68180628